사고력도 탄탄! 창의력도 탄탄!
수학 일등의 지름길 「기탄사고력수학」

♛ 단계별·능력별 프로그램식 학습지입니다

유아부터 초등학교 6학년까지 각 단계별로 4~6권씩 총 52권으로 구성되었으며, 처음 시작할 때 나이와 학년에 관계없이 능력별 수준에 맞추어 학습하는 프로그램식 학습지입니다.

♛ 사고력·창의력을 키워 주는 수학 학습지입니다

다양한 사고 단계를 거쳐 문제 해결력을 높여 주며, 개념과 원리를 이해하도록 하여 수학적 사고력을 키워 줍니다. 또 수학적 사고를 바탕으로 스스로 생각하고 깨닫는 창의력을 키워 줍니다.

♛ 유아 과정은 물론 초등학교 수학의 전 영역을 골고루 학습합니다

운필력, 공간 지각력, 수 개념 등 유아 과정부터 시작하여, 초등학교 과정인 수와 연산, 도형 등 수학의 전 영역을 골고루 다루어, 자녀들의 수학적 사고의 폭을 넓히는 데 큰 도움을 줍니다.

♛ 학습 지도 가이드와 다양한 학습 성취도 평가 자료를 수록했습니다

매주, 매달, 매 단계마다 학습 목표에 따른 지도 내용과 지도 요점, 완벽한 해설을 제공하여 학부모님께서 쉽게 지도하실 수 있습니다. 창의력 문제와 수학 경시 대회 예상 문제를 단계별로 수록, 수학 실력을 완성시켜 줍니다.

♛ 과학적 학습 분량으로 공부하는 습관이 몸에 배입니다

하루 10~20분 정도의 과학적 학습량으로 공부에 싫증을 느끼지 않게 하고, 학습에 자신감을 가지도록 하였습니다. 매일 일정 시간 꾸준하게 공부하도록 하면, 시키지 않아도 공부하는 습관이 몸에 배게 됩니다.

「기탄사고력수학」은
체계적이고 장기적인 프로그램으로
꾸준히 학습하면 반드시 성적으로 보답합니다

❀ 스몰 스텝(Small Step)방식으로 꾸준히 학습하면 성적이 올라갑니다

「기탄사고력수학」은 단순히 문제만 나열한 문제집이 아닙니다. 체계적이고 장기적인 학습프로그램을 통해 수학적 사고력과 창의력을 완성시켜 주는 스몰 스텝(Small Step)방식으로 꾸준히 학습하면 반드시 성적이 올라갑니다.

❀ 하루 3장, 10~20분씩 규칙적으로 학습하게 하세요

매일 일정 시간에 일정한 학습량을 꾸준히 재미있게 해야만 학습효과를 높일 수 있습니다. 주별로 분철하기 쉽게 제본되어 있으니, 교재를 구입하시면 먼저 분철하여 일주일 학습 분량만 자녀들에게 나누어 주세요. 그래야만 아이들이 학습 성취감과 자신감을 가질 수 있습니다.

❀ 자녀들의 수준에 알맞은 교재를 선택하세요

〈기탄사고력수학〉은 유아에서 초등학교 6학년까지, 나이와 학년에 관계없이 학습 난이도별로 자신의 능력에 맞는 단계를 선택하여 시작하는 능력별 교재입니다. 그러나 자녀의 수준보다 1~2단계 낮춘 교재부터 시작하면 학습에 더욱 자신감을 갖게 되어 효과적입니다.

교재 구분	교재 구성	대 상
A단계 교재	1, 2, 3, 4집	4세 ~ 5세 아동
B단계 교재	1, 2, 3, 4집	5세 ~ 6세 아동
C단계 교재	1, 2, 3, 4집	6세 ~ 7세 아동
D단계 교재	1, 2, 3, 4집	7세 ~ 초등학교 1학년
E단계 교재	1, 2, 3, 4, 5, 6집	초등학교 1학년
F단계 교재	1, 2, 3, 4, 5, 6집	초등학교 2학년
G단계 교재	1, 2, 3, 4, 5, 6집	초등학교 3학년
H단계 교재	1, 2, 3, 4, 5, 6집	초등학교 4학년
I 단계 교재	1, 2, 3, 4, 5, 6집	초등학교 5학년
J단계 교재	1, 2, 3, 4, 5, 6집	초등학교 6학년

「기탄사고력수학」으로 수학 성적 올리는 일등비법을 공개합니다

✳ 문제를 먼저 풀어 주지 마세요

기탄사고력수학은 직관(전체 감지)을 논리(이론과 구체 연결)로 발전시켜 답을 구하도록 구성되었습니다. 쉽게 문제를 풀지 못하더라도 노력하는 과정에서 더 많은 것을 얻을 수 있으니, 약간의 힌트 외에는 자녀가 스스로 끝까지 문제를 풀어 나갈 수 있도록 격려해 주세요.

✳ 교재는 이렇게 활용하세요

먼저 자녀들의 능력에 맞는 교재를 선택하세요. 그리고 일주일 분량씩 분철하여 매일 3장씩 풀 수 있도록 해 주세요. 한꺼번에 많은 양의 교재를 주시면 어린이가 부담을 느껴서 학습을 미루거나 포기하기 쉽습니다. 적당한 양을 매일매일 학습하도록 하여 수학 공부하는 재미를 느낄 수 있도록 헤 주세요.

✳ 교재 학습 과정을 꼭 지켜 수세요

한 주 학습이 끝날 때마다 창의력 문제와 경시 대회 예상 문제를 꼭 풀고 넘어가도록 해 주시고, 한 권(한 달 과정)이 끝나면 성취도 테스트와 종료 테스트를 통해 스스로 실력을 가늠해 볼 수 있도록 도와 주세요. 문제를 다 풀면 반드시 해답지를 이용하여 정확하게 채점해 주시고, 틀린 문제를 체크해 놓았다가 다음에는 확실히 풀 수 있도록 지도해 주세요.

✳ 자녀의 학습 관리를 게을리 하지 마세요

수학적 사고는 하루 아침에 생겨나는 것이 아닙니다. 날마다 꾸준히 규칙적으로 학습해 나갈 때에만 비로소 수학적 사고의 기틀이 마련되는 것입니다. 교육은 사랑입니다. 자녀가 학습한 부분을 어머니께서 꼭 확인하시면서 사랑으로 돌봐 주세요. 부모님의 관심 속에서 자란 아이들만이 성적 향상은 물론 이 사회에서 꼭 필요한 인격체로 성장해 나갈 수 있다는 것도 잊지 마세요.

기탄교려수학 교재별 학습 내용

A 단계 교재

A - ❶ 교재

나와 가족에 대하여 알기
바른 행동 알기
다양한 선 그리기
다양한 사물 색칠하기
○△□ 알기
똑같은 것 찾기
빠진 것 찾기
종류가 같은 것과 다른 것 찾기
관찰력, 논리력, 사고력 키우기

A - ❷ 교재

필요한 물건 찾기
관계 있는 것 찾기
다양한 기준에 따라 분류하기
(종류, 용도, 모양, 색깔, 재질, 계절, 성질 등)
두 가지 기준에 따라 분류하기
다섯까지 세기
변별력 키우기
미로 통과하기

A - ❸ 교재

다양한 기준으로 비교하기
(길이, 높이, 양, 무게, 크기, 두께, 넓이, 속도, 깊이 등)
시간의 순서 비교하기
반대 개념 알기
3까지의 숫자 배우기
그림 퍼즐 맞추기
미로 통과하기

A - ❹ 교재

최상급 개념 알기
다양한 기준으로 순서 짓기 (크기, 시간, 길이, 두께 등)
네 가지 이상 비교하기
이중 서열 알기
ABAB, ABCABC의 규칙성 알기
다양한 규칙 이해하기
부분과 전체 알기
5까지의 숫자 배우기
일대일 대응, 일대다 대응 알기
미로 통과하기

B 단계 교재

B - ❶ 교재

열까지 세기
9까지의 숫자 배우기
사물의 기본 모양 알기
모양 구성하기
모양 나누기와 합치기
같은 모양, 짝이 되는 모양 찾기
위치 개념 알기 (위, 아래, 앞, 뒤)
위치 파악하기

B - ❷ 교재

9까지의 수량, 수 단어, 숫자 연결하기
구체물을 이용한 수 익히기
반구체물을 이용한 수 익히기
위치 개념 알기 (안, 밖, 왼쪽, 가운데, 오른쪽)
다양한 위치 개념 알기
시간 개념 알기 (낮, 밤)
구체물을 이용한 수와 양의 개념 알기
(같다, 많다, 적다)

B - ❸ 교재

순서대로 숫자 쓰기
거꾸로 숫자 쓰기
1 큰 수와 2 큰 수 알기
1 작은 수와 2 작은 수 알기
반구체물을 이용한 수와 양의 개념 알기
보존 개념 익히기
여러 가지 단위 배우기

B - ❹ 교재

순서수 알기
사물의 입체 모양 알기
입체 모양 나누기
두 수의 크기 비교하기
여러 수의 크기 비교하기
0의 개념 알기
0부터 9까지의 수 익히기

C 단계 교재

C - ❶ 교재	C - ❷ 교재
구체물을 통한 수 가르기 반구체물을 통한 수 가르기 숫자를 도입한 수 가르기 구체물을 통한 수 모으기 반구체물을 통한 수 모으기 숫자를 도입한 수 모으기	수 가르기와 모으기 여러 가지 방법으로 수 가르기 수 모으고 다시 수 가르기 수 가르고 다시 수 모으기 더해 보기 세로로 더해 보기 빼 보기 세로로 빼 보기 더해 보기와 빼 보기 바꾸어서 셈하기

C - ❸ 교재	C - ❹ 교재
길이 측정하기　　높이 측정하기 넓이 측정하기　　크기 측정하기 둘레 측정하기　　무게 측정하기 부피 측정하기　　들이 측정하기 활동 시간 알아보기　시간의 순서 알아보기 여러 가지 측정하기	열 개 열 개 만들어 보기 열 개 묶어 보기 자리 알아보기 수 '10' 알아보기 10의 크기 알아보기 더하여 10이 되는 수 알아보기 열다섯까지 세어 보기 스물까지 세어 보기

D 단계 교재

D - ❶ 교재	D - ❷ 교재
수 11~20 알기 11~20까지의 수 알기 30까지의 수 알아보기 자릿값을 이용하여 30까지의 수 나타내기 40까지의 수 알아보기 자릿값을 이용하여 40까지의 수 나타내기 자릿값을 이용하여 50까지의 수 나타내기 50까지의 수 알아보기	상자 모양, 공 모양, 둥근기둥 모양 알아보기 공간 위치 알아보기 입체도형으로 모양 만들기 여러 방향에서 본 모습 관찰하기 평면도형 알아보기 선대칭 모양 알아보기 모양 만들기와 탱그램

D - ❸ 교재	D - ❹ 교재
덧셈 이해하기 100이 되는 더하기 여러 가지로 더해 보기 덧셈 익히기 뺄셈 이해하기 10에서 빼기 여러 가지로 빼 보기 뺄셈 익히기	조사하여 기록하기 그래프의 이해 그래프의 활용 분수의 이해 시간 느끼기 사건의 순서 알기 소요 시간 알아보기 달력 보기 시계 보기 활동한 시간 알기

기탄꼬력수학 교재별 학습 내용

E 단계 교재

E - ❶ 교재	E - ❷ 교재	E - ❸ 교재
사물의 개수를 세어 보고 1, 2, 3, 4, 5 알아보기 0의 개념과 0~5까지의 수의 순서 알기 하나 더 많다, 적다의 개념 알기 두 수의 크기 비교하기 사물의 개수를 세어 보고 6, 7, 8, 9 알아보기 0~9까지의 수의 순서 알기 하나 더 많다, 적다의 개념 알기 두 수의 크기 비교하기 여러 가지 모양 알아보기, 찾아보기, 만들어 보기 규칙 찾기	두 수로 가르기 두 수를 모으기 가르기와 모으기 덧셈식 알아보기 뺄셈식 알아보기 길이 비교해 보기 높이 비교해 보기 들이 비교해 보기 무게 비교해 보기 넓이 비교해 보기	수 10(십) 알아보기 19까지의 수 알아보기 몇십과 몇십 몇 알아보기 물건의 수 세기 50까지 수의 순서 알아보기 두 수의 크기 비교하기 분류하기 분류하여 세어 보기
E - ❹ 교재	**E - ❺ 교재**	**E - ❻ 교재**
수 60, 70, 80, 90 99까지의 수 수의 순서 두 수의 크기 비교 여러 가지 모양 알아보기, 찾아보기 여러 가지 모양 만들기, 그리기 규칙 찾기 10을 두 수로 가르기 100이 되도록 두 수를 모으기	100이 되는 더하기 10에서 빼기 세 수의 덧셈과 뺄셈 (몇십)+(몇), (몇십 몇)+(몇), (몇십 몇)+(몇십 몇) (몇십 몇)-(몇), (몇십 몇)-(몇십 몇) 긴바늘, 짧은바늘 알아보기 몇 시 알아보기 몇 시 30분 알아보기	세 수의 덧셈 받아올림이 있는 (몇)+(몇) 받아내림이 있는 (십 몇)-(몇) 세 수의 계산 덧셈식, 뺄셈식 만들기 □가 있는 덧셈식, 뺄셈식 만들기 여러 가지 방법으로 해결하기

F 단계 교재

F - ❶ 교재	F - ❷ 교재	F - ❸ 교재
백(100)과 몇백(200, 300, ……)의 개념 이해 세 자리 수와 뛰어 세기의 이해 세 자리 수의 크기 비교 받아올림이 있는 (두 자리 수)+(한 자리 수)의 계산 받아내림이 있는 (두 자리 수)-(한 자리 수)의 계산 세 수의 덧셈과 뺄셈 선분과 직선의 차이 이해 사각형, 삼각형, 원 등의 여러 가지 모양 쌓기나무로 똑같이 쌓아 보고 여러 가지 모양 만들기 배열 순서에 따라 규칙 찾아내기	받아올림이 있는 (두 자리 수)+(두 자리 수)의 계산 받아내림이 있는 (두 자리 수)-(두 자리 수)의 계산 여러 가지 방법으로 계산하고 세 수의 혼합 계산 길이 비교와 단위길이의 비교 길이의 단위(cm) 알기 길이 재기와 길이 어림하기 어떤 수를 □로 나타내기 덧셈식·뺄셈식에서 □의 값 구하기 어떤 수를 구하는 식 만들기 식에 알맞은 문제 만들기	시각 읽기 시각과 시간의 차이 알기 하루의 시간 알기 달력을 보며 1년 알기 몇 시 몇 분 전 알기 반 시간 알기 묶어 세기 몇 배 알아보기 더하기를 곱하기로 나타내기 덧셈식과 곱셈식으로 나타내기
F - ❹ 교재	**F - ❺ 교재**	**F - ❻ 교재**
2~9의 단 곱셈구구 익히기 1의 단 곱셈구구와 0의 곱 곱셈표에서 규칙 찾기 받아올림이 없는 세 자리 수의 덧셈 받아내림이 없는 세 자리 수의 뺄셈 여러 가지 방법으로 계산하기 미터(m)와 센티미터(cm) 길이 재기 길이 어림하기 길이의 합과 차	받아올림이 있는 세 자리 수의 덧셈 받아내림이 있는 세 자리 수의 뺄셈 여러 가지 방법으로 덧셈·뺄셈하기 세 수의 혼합 계산 똑같이 나누기 전체와 부분의 크기 분수의 쓰기와 읽기 분수만큼 색칠하고 분수로 나타내기 표와 그래프로 나타내기 조사하여 표와 그래프로 나타내기	□가 있는 곱셈식을 만들어 문제 해결하기 규칙을 찾아 문제 해결하기 거꾸로 생각하여 문제 해결하기

G - ❶ 교재	G - ❷ 교재	G - ❸ 교재
1000의 개념 알기	똑같이 묶어 덜어 내기와 똑같게 나누기	분수만큼 알기와 분수로 나타내기
몇천, 네 자리 수 알기	나눗셈의 몫	몇 개인지 알기
수의 자릿값 알기	곱셈과 나눗셈의 관계	분수의 크기 비교
뛰어 세기, 두 수의 크기 비교	나눗셈의 몫을 구하는 방법	mm 단위를 알기와 mm 단위까지 길이 재기
세 자리 수의 덧셈	나눗셈의 세로 형식	km 단위를 알기
덧셈의 여러 가지 방법	곱셈을 활용하여 나눗셈의 몫 구하기	km, m, cm, mm의 단위가 있는 길이의
세 자리 수의 뺄셈	평면도형 밀기, 뒤집기, 돌리기	합과 차 구하기
뺄셈의 여러 가지 방법	평면도형 뒤집고 돌리기	시각과 시간의 개념 알기
각과 직각의 이해	(몇십)×(몇)의 계산	1초의 개념 알기
직각삼각형, 직사각형, 정사각형의 이해	(두 자리 수)×(한 자리 수)의 계산	시간의 합과 차 구하기

G - ❹ 교재	G - ❺ 교재	G - ❻ 교재
(네 자리 수)+(세 자리 수)	(몇십)÷(몇)	막대그래프
(네 자리 수)+(네 자리 수)	내림이 없는 (몇십 몇)÷(몇)	막대그래프 그리기
(네 자리 수)−(세 자리 수)	나눗셈의 몫과 나머지	그림그래프
(네 자리 수)−(네 자리 수)	나눗셈식의 검산 / (몇십 몇)÷(몇)	그림그래프 그리기
세 수의 덧셈과 뺄셈	들이 / 들이의 단위	알맞은 그래프로 나타내기
(세 자리 수)×(한 자리 수)	들이의 어림하기와 합과 차	규칙을 정해 무늬 꾸미기
(몇십)×(몇십) / (두 자리 수)×(몇십)	무게 / 무게의 단위	규칙을 찾아 문제 해결
(두 자리 수)×(두 자리 수)	무게의 어림하기와 합과 차	표를 만들어서 문제 해결
원의 중심과 반지름 / 그리기 / 지름 / 성질	0.1 / 소수 알아보기	예상과 확인으로 문제 해결
	소수의 크기 비교하기	

H - ❶ 교재	H - ❷ 교재	H - ❸ 교재
만 / 다섯 자리 수 / 십만, 백만, 천만	이등변삼각형 / 이등변삼각형의 성질	소수
억 / 조 / 큰 수 뛰어서 세기	정삼각형 / 예각과 둔각	소수 두 자리 수
두 수의 크기 비교	예각삼각형 / 둔각삼각형	소수 세 자리 수
100, 1000, 10000, 몇백, 몇천의 곱	덧셈, 뺄셈 또는 곱셈, 나눗셈이 섞여 있는 혼합	소수 사이의 관계
(세,네 자리 수)×(두 자리 수)	계산	소수의 크기 비교
세 수의 곱셈 / 몇십으로 나누기	덧셈, 뺄셈, 곱셈, 나눗셈이 섞여 있는 혼합 계산	규칙을 찾아 수로 나타내기
(두,세 자리 수)÷(두 자리 수)	( ), { }가 있는 혼합 계산	규칙을 찾아 글로 나타내기
각의 크기 / 각 그리기 / 각도의 합과 차	분수와 진분수 / 가분수와 대분수	새로운 무늬 만들기
삼각형의 세 각의 크기의 합	대분수를 가분수로, 가분수를 대분수로 나타내기	
사각형의 네 각의 크기의 합	분모가 같은 분수의 크기 비교	

H - ❹ 교재	H - ❺ 교재	H - ❻ 교재
분모가 같은 진분수의 덧셈	사다리꼴 / 평행사변형 / 마름모	꺾은선그래프
분모가 같은 대분수의 덧셈	직사각형과 정사각형의 성질	꺾은선그래프 그리기
분모가 같은 진분수의 뺄셈	다각형과 정다각형 / 대각선	물결선을 사용한 꺾은선그래프
분모가 같은 대분수의 뺄셈	여러 가지 모양 만들기	물결선을 사용한 꺾은선그래프 그리기
분모가 같은 대분수와 진분수의 덧셈과 뺄셈	여러 가지 모양으로 덮기	알맞은 그래프로 나타내기
소수의 덧셈 / 소수의 뺄셈	직사각형과 정사각형의 둘레	꺾은선그래프의 활용
수직과 수선 / 수선 긋기	1cm² / 직사각형과 정사각형의 넓이	두 수 사이의 관계
평행선 / 평행선 긋기	여러 가지 도형의 넓이	두 수 사이의 관계를 식으로 나타내기
평행선 사이의 거리	이상과 이하 / 초과와 미만 / 수의 범위	문제를 해결하고 풀이 과정을 설명하기
	올림과 버림 / 반올림 / 어림의 활용	

기탄교력수학 교재별 학습 내용

I 단계 교재

I - ❶ 교재	I - ❷ 교재	I - ❸ 교재
약수 / 배수 / 배수와 약수의 관계 공약수와 최대공약수 공배수와 최소공배수 크기가 같은 분수 알기 크기가 같은 분수 만들기 분수의 약분 / 분수의 통분 분수의 크기 비교 / 진분수의 덧셈 대분수의 덧셈 / 진분수의 뺄셈 대분수의 뺄셈 / 세 분수의 덧셈과 뺄셈	세 분수의 덧셈과 뺄셈 (진분수)×(자연수) / (대분수)×(자연수) (자연수)×(진분수) / (자연수)×(대분수) (단위분수)×(단위분수) (진분수)×(진분수) / (대분수)×(대분수) 세 분수의 곱셈 / 합동인 도형의 성질 합동인 삼각형 그리기 면, 모서리, 꼭짓점 직육면체와 정육면체 직육면체의 성질 / 겨냥도 / 전개도	평행사변형의 넓이 삼각형의 넓이 사다리꼴의 넓이 마름모의 넓이 넓이의 단위 m^2, a 넓이의 단위 ha, km^2 넓이의 단위 관계 무게의 단위
I - ❹ 교재	**I - ❺ 교재**	**I - ❻ 교재**
분수와 소수의 관계 분수를 소수로, 소수를 분수로 나타내기 분수와 소수의 크기 비교 1÷(자연수)를 곱셈으로 나타내기 (자연수)÷(자연수)를 곱셈으로 나타내기 (진분수)÷(자연수) / (가분수)÷(자연수) (대분수)÷(자연수) 분수와 자연수의 혼합 계산 선대칭도형/선대칭의 위치에 있는 도형 점대칭도형/점대칭의 위치에 있는 도형	(소수)×(자연수) / (자연수)×(소수) 곱의 소수점의 위치 (소수)×(소수) 소수의 곱셈 (소수)÷(자연수) (자연수)÷(자연수) 줄기와 잎 그림 그림그래프 평균 자료를 그래프로 나타내고 설명하기	두 수의 크기 비교 비율 백분율 할푼리 실제로 해 보기와 표 만들기 그림 그리기와 식 만들기 예상하고 확인하기와 표 만들기 실제로 해 보기와 규칙 찾기

J 단계 교재

J - ❶ 교재	J - ❷ 교재	J - ❸ 교재
(자연수)÷(단위분수) 분모가 같은 진분수끼리의 나눗셈 분모가 다른 진분수끼리의 나눗셈 (자연수)÷(진분수) / 대분수의 나눗셈 분수의 나눗셈 활용하기 소수의 나눗셈 / (자연수)÷(소수) 소수의 나눗셈에서 나머지 반올림한 몫 입체도형과 각기둥 / 각뿔 각기둥의 전개도 / 각뿔의 전개도	쌓기나무의 개수 쌓기나무의 각 자리, 각 층별로 나누어 개수 구하기 규칙 찾기 쌓기나무로 만든 것, 여러 가지 입체도형, 여러 가지 생활 속 건축물의 위, 앞, 옆 에서 본 모양 원주와 원주율 / 원의 넓이 띠그래프 알기 / 띠그래프 그리기 원그래프 알기 / 원그래프 그리기	비례식 비의 성질 가장 작은 자연수의 비로 나타내기 비례식의 성질 비례식의 활용 연비 두 비의 관계를 연비로 나타내기 연비의 성질 비례배분 연비로 비례배분
J - ❹ 교재	**J - ❺ 교재**	**J - ❻ 교재**
(소수)÷(분수) / (분수)÷(소수) 분수와 소수의 혼합 계산 원기둥 / 원기둥의 전개도 원뿔 회전체 / 회전체의 단면 직육면체와 정육면체의 겉넓이 부피의 비교 / 부피의 단위 직육면체와 정육면체의 부피 부피의 큰 단위 부피와 들이 사이의 관계	원기둥의 겉넓이 원기둥의 부피 경우의 수 순서가 있는 경우의 수 여러 가지 경우의 수 확률 미지수를 x로 나타내기 등식 알기 / 방정식 알기 등식의 성질을 이용하여 방정식 풀기 방정식의 활용	두 수 사이의 대응 관계 / 정비례 정비례를 활용하여 생활 문제 해결하기 반비례 반비례를 활용하여 생활 문제 해결하기 그림을 그리거나 식을 세워 문제 해결하기 거꾸로 생각하거나 식을 세워 문제 해결하기 표를 작성하거나 예상과 확인을 통하여 문제 해결하기 여러 가지 방법으로 문제 해결하기 새로운 문제를 만들어 풀어 보기

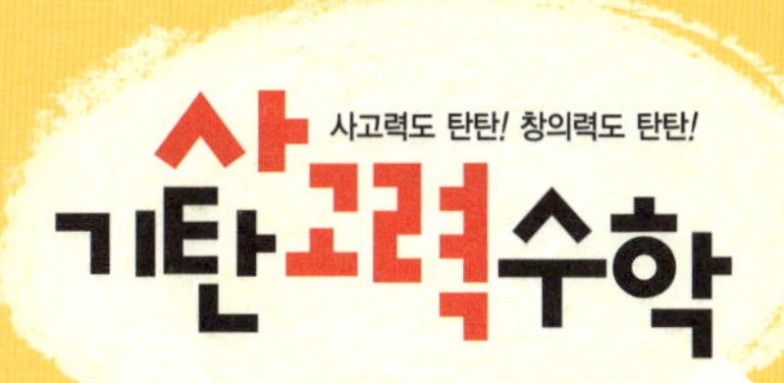

H4

H181a ~ H195b

학습 관리표

학습 내용		이번 주는?
분수의 덧셈과 뺄셈	• 분모가 같은 진분수의 덧셈 • 분모가 같은 대분수의 덧셈 • 분모가 같은 진분수의 뺄셈 • 분모가 같은 대분수의 뺄셈 • 분모가 같은 대분수와 진분수의 덧셈과 뺄셈 • 창의력 학습 • 경시대회 예상문제	• 학습 방법 : ① 매일매일　② 가끔　③ 한꺼번에 　　　　　하였습니다. • 학습 태도 : ① 스스로 잘　② 시켜서 억지로 　　　　　하였습니다. • 학습 흥미 : ① 재미있게　② 싫증내며 　　　　　하였습니다. • 교재 내용 : ① 적합하다고　② 어렵다고　③ 쉽다고 　　　　　하였습니다.

지도 교사가 부모님께	부모님이 지도 교사께

평가	Ⓐ 아주 잘함	Ⓑ 잘함	Ⓒ 보통	Ⓓ 부족함

원(교)　　　　반　　이름　　　　　　전화

● 학습 목표

– 분모가 같은 진분수의 덧셈을 할 수 있습니다.
– 분모가 같은 대분수의 덧셈을 할 수 있습니다.
– 분모가 같은 진분수의 뺄셈을 할 수 있습니다.
– 분모가 같은 대분수의 뺄셈을 할 수 있습니다.
– 분모가 같은 대분수와 진분수의 덧셈을 할 수 있습니다.
– 분모가 같은 대분수와 진분수의 뺄셈을 할 수 있습니다.

● 지도 내용

– (진분수)+(진분수), (대분수)+(대분수)를 계산하게 합니다.
– (진분수)−(진분수), (자연수)−(진분수), (대분수)−(대분수)를 계산하게 합니다.
– (대분수)+(진분수), (대분수)−(진분수)를 계산하게 합니다.

● 지도 요점

이번 단원은 분수의 덧셈과 뺄셈을 처음으로 배우는 단원으로 분모가 같은 분수의 덧셈과 뺄셈의 계산 방법을 익히는 활동입니다.
분모가 같은 분수의 덧셈과 뺄셈은 자연수의 덧셈과 뺄셈의 상황과 동일합니다. 그러나 분모가 같은 분수의 덧셈과 뺄셈에서는 더해 주거나 빼 주는 단위가 분모에 의해 결정되고, 결국 분자만을 자연수의 덧셈과 뺄셈처럼 계산하고 계산 결과는 분모는 그대로, 분자는 분자들의 합이나 차로 표현되는 것을 이해하게 합니다.

◆ 받아올림이 없는 분모가 같은 진분수의 덧셈(1) ◆

1 $\dfrac{2}{4} + \dfrac{1}{4}$ 은 얼마인지 알아보려고 합니다. 물음에 답하시오.

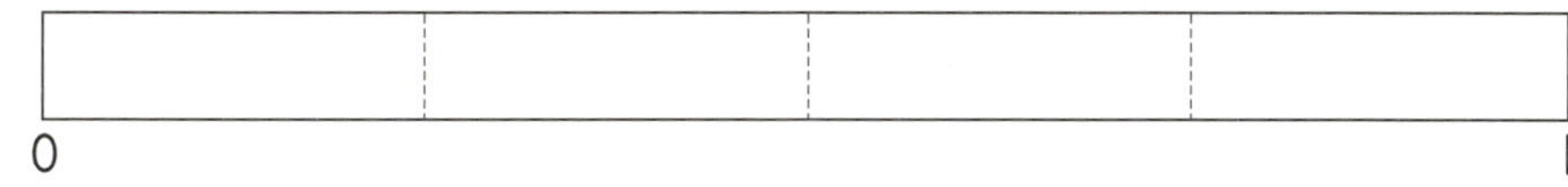

(1) 위의 그림에 $\dfrac{2}{4}$ 만큼 파란색으로 색칠하고 이어서 $\dfrac{1}{4}$ 만큼 빨간색으로 색칠하시오.

(2) $\dfrac{2}{4} + \dfrac{1}{4}$ 은 얼마인지 ☐ 안에 알맞은 수를 써넣으시오.

$$\frac{2}{4} + \frac{1}{4} = \frac{\boxed{}}{4}$$

2 그림을 보고 ☐ 안에 알맞은 수를 써넣으시오.

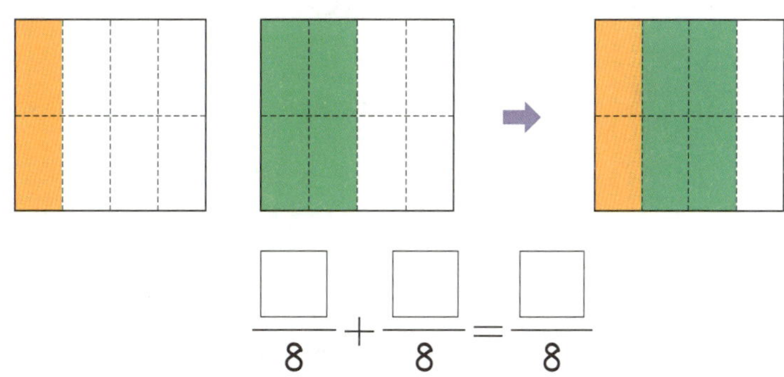

$$\frac{\boxed{}}{8} + \frac{\boxed{}}{8} = \frac{\boxed{}}{8}$$

사고력 학습

🐸 다음을 계산하시오. [3~12]

3 $\dfrac{1}{3} + \dfrac{1}{3}$

4 $\dfrac{4}{6} + \dfrac{1}{6}$

5 $\dfrac{2}{7} + \dfrac{3}{7}$

6 $\dfrac{5}{8} + \dfrac{2}{8}$

7 $\dfrac{3}{9} + \dfrac{4}{9}$

8 $\dfrac{2}{10} + \dfrac{5}{10}$

9 $\dfrac{3}{11} + \dfrac{6}{11}$

10 $\dfrac{4}{13} + \dfrac{4}{13}$

11 $\dfrac{9}{15} + \dfrac{4}{15}$

12 $\dfrac{11}{20} + \dfrac{7}{20}$

★ 이름 :

★ 날짜 :

★ 시간 :　　시　　분 ~ 　　시　　분

◆ 받아올림이 없는 분모가 같은 진분수의 덧셈(2) ◆

1 빈칸에 알맞은 분수를 써넣으시오.

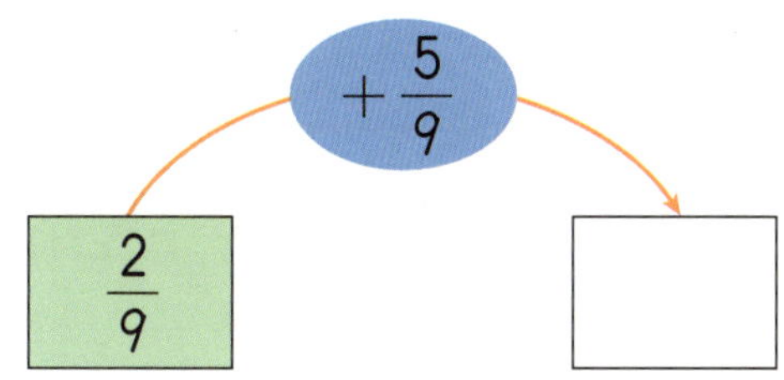

2 분수의 덧셈을 하여 빈칸에 써넣으시오.

+	$\dfrac{1}{12}$	$\dfrac{6}{12}$
$\dfrac{3}{12}$		
$\dfrac{5}{12}$		

3 집에서 도서관을 지나 학교까지의 거리는 몇 km입니까?

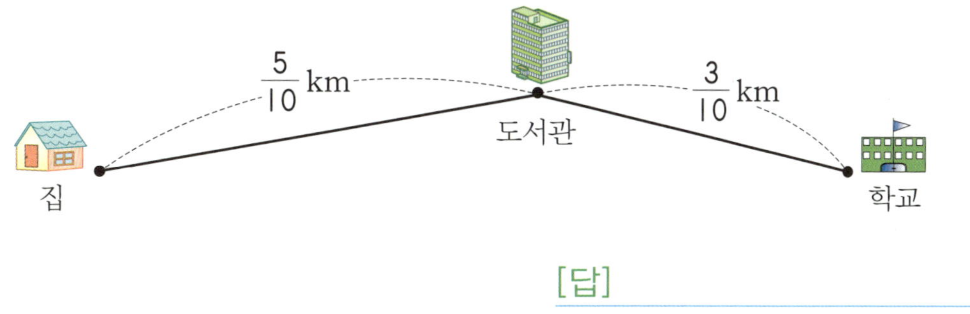

[답]

사고력 학습

4 가장 큰 수와 가장 작은 수의 합을 구하시오.

$$\frac{4}{11} \qquad \frac{2}{11} \qquad \frac{7}{11}$$

[답]

5 윤선이가 우유를 어제는 $\frac{2}{5}$L 마셨고, 오늘은 $\frac{1}{5}$L 마셨습니다. 윤선이가 어제와 오늘 마신 우유는 모두 몇 L입니까?

[식]　　　　　　　　　　　　　　　[답]

6 무게가 $\frac{4}{7}$kg인 바구니에 토마토가 $\frac{2}{7}$kg 담겨 있습니다. 토마토가 담긴 바구니의 무게는 몇 kg입니까?

[답]

7 어떤 수에서 $\frac{2}{13}$를 뺐더니 $\frac{10}{13}$이 되었습니다. 어떤 수는 얼마입니까?

[답]

 사고력 학습

◆ 받아올림이 있는 분모가 같은 진분수의 덧셈(1) ◆

🐸 그림을 보고 □ 안에 알맞은 수를 써넣으시오. [1~2]

1

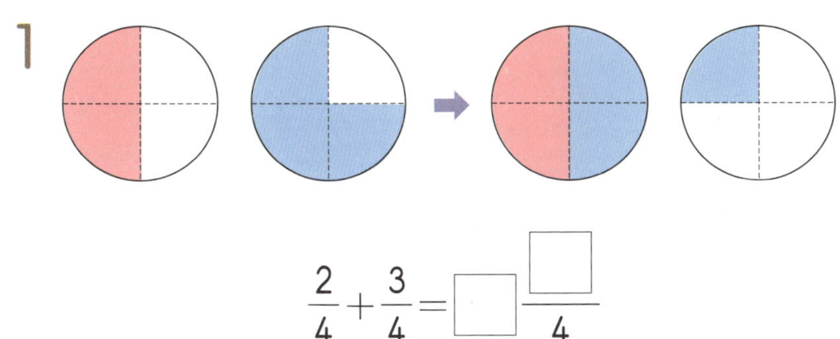

$$\frac{2}{4}+\frac{3}{4}=\boxed{}\frac{\boxed{}}{4}$$

2

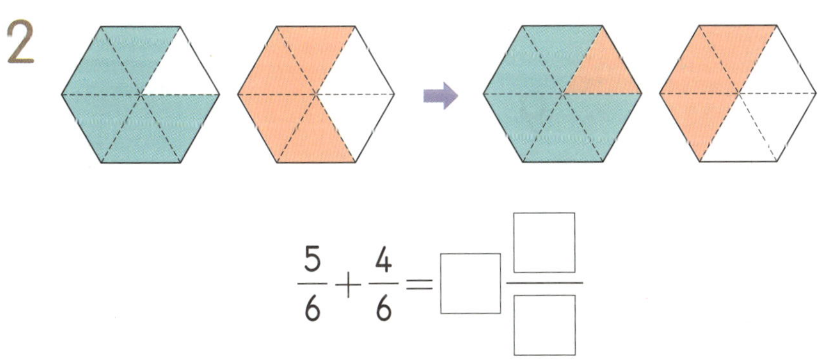

$$\frac{5}{6}+\frac{4}{6}=\boxed{}\frac{\boxed{}}{\boxed{}}$$

3 □ 안에 알맞은 수를 써넣으시오.

$$\frac{6}{8}+\frac{7}{8}=\frac{\boxed{}+\boxed{}}{8}=\frac{\boxed{}}{8}=\boxed{}\frac{\boxed{}}{\boxed{}}$$

사고력 학습

다음을 계산하시오. [4~13]

4 $\dfrac{2}{3} + \dfrac{2}{3}$

5 $\dfrac{4}{5} + \dfrac{3}{5}$

6 $\dfrac{5}{7} + \dfrac{6}{7}$

7 $\dfrac{7}{9} + \dfrac{4}{9}$

8 $\dfrac{8}{10} + \dfrac{8}{10}$

9 $\dfrac{7}{11} + \dfrac{9}{11}$

10 $\dfrac{5}{12} + \dfrac{10}{12}$

11 $\dfrac{13}{15} + \dfrac{12}{15}$

12 $\dfrac{6}{17} + \dfrac{14}{17}$

13 $\dfrac{17}{20} + \dfrac{15}{20}$

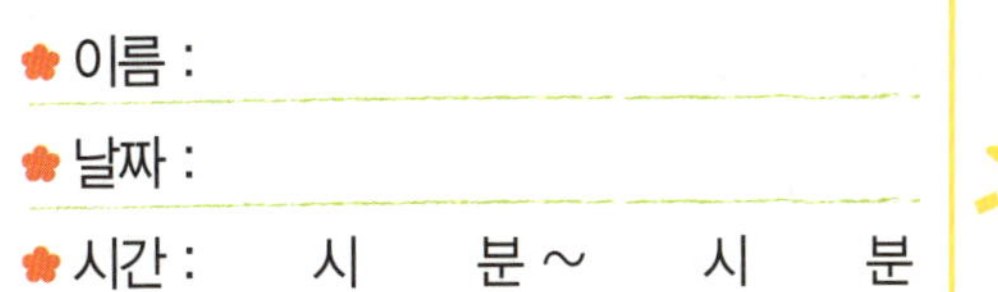

◆ **받아올림이 있는 분모가 같은 진분수의 덧셈(2)** ◆

1 두 수의 합을 빈 곳에 써넣으시오.

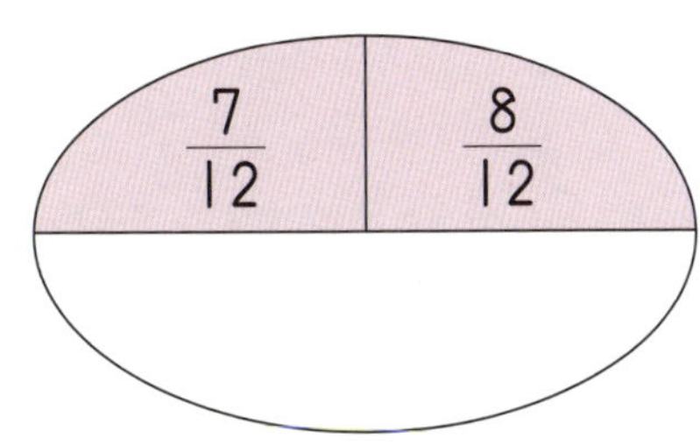

2 관계있는 것끼리 선으로 이으시오.

$$\frac{5}{11} + \frac{9}{11} \quad \cdot$$

$$\frac{7}{11} + \frac{6}{11} \quad \cdot$$

$\cdot \quad 1\frac{1}{11}$

$\cdot \quad 1\frac{2}{11}$

$\cdot \quad 1\frac{3}{11}$

3 분수의 덧셈을 하여 빈칸에 써넣으시오.

$+$		
$\frac{4}{9}$	$\frac{7}{9}$	
$\frac{6}{9}$	$\frac{8}{9}$	

4 계산 결과를 비교하여 ○ 안에 >, =, <를 알맞게 써넣으시오.

$$\frac{5}{7}+\frac{5}{7} \bigcirc \frac{3}{7}+\frac{6}{7}$$

5 두 수의 합을 구하시오.

> - $\frac{1}{6}$이 5개인 수　　　　- $\frac{1}{6}$이 3개인 수

[답]

6 호석이네 집에서 서점까지의 거리는 $\frac{8}{10}$km이고 서점에서 우체국까지의 거리는 $\frac{6}{10}$km입니다. 호석이네 집에서 서점을 지나 우체국에 가려면 몇 km를 가야 합니까?

[식]　　　　　　　　　　　　　　[답]

7 현교가 미술 시간에 찰흙을 $\frac{6}{8}$kg 사용하였더니 $\frac{7}{8}$kg이 남았습니다. 현교가 처음에 가지고 있던 찰흙은 몇 kg입니까?

[답]

 사고력 학습

확인

이름 :

날짜 :

시간 : 시 분 ~ 시 분

H-185a

◆ 분모가 같은 대분수의 덧셈(1) ◆

그림을 보고 ☐ 안에 알맞은 수를 써넣으시오. [1~2]

1

$$1\frac{2}{5} + 1\frac{4}{5} = \boxed{}\frac{\boxed{}}{5}$$

2

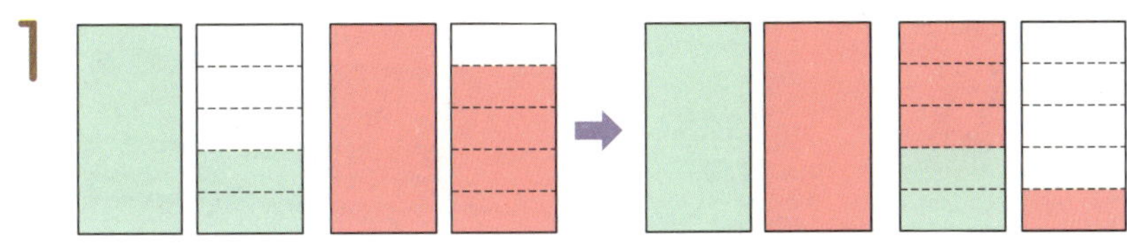

$$1\frac{2}{6} + 1\frac{4}{6} = \boxed{}$$

3 ☐ 안에 알맞은 수를 써넣으시오.

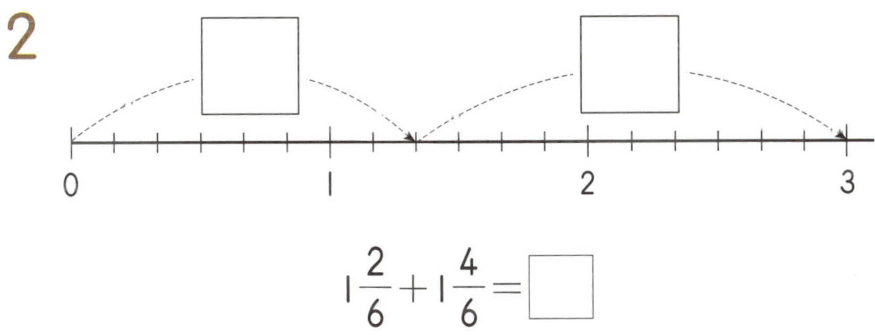

$$1\frac{5}{8} + 2\frac{4}{8} = \left(\boxed{} + \boxed{}\right) + \left(\frac{\boxed{}}{8} + \frac{\boxed{}}{8}\right) = \boxed{} + \frac{\boxed{}}{\boxed{}}$$

$$= \boxed{} + \boxed{}\frac{\boxed{}}{\boxed{}} = \boxed{}\frac{\boxed{}}{\boxed{}}$$

사고력 학습

다음을 계산하시오. [4~13]

4 $2\frac{1}{3} + 1\frac{1}{3}$

5 $1\frac{1}{4} + 1\frac{2}{4}$

6 $1\frac{2}{8} + 2\frac{5}{8}$

7 $3\frac{4}{11} + 5\frac{6}{11}$

8 $5\frac{4}{7} + 1\frac{4}{7}$

9 $1\frac{5}{9} + 1\frac{7}{9}$

10 $3\frac{5}{10} + 2\frac{9}{10}$

11 $4\frac{11}{12} + 3\frac{8}{12}$

12 $2\frac{10}{13} + 4\frac{6}{13}$

13 $6\frac{12}{15} + 3\frac{7}{15}$

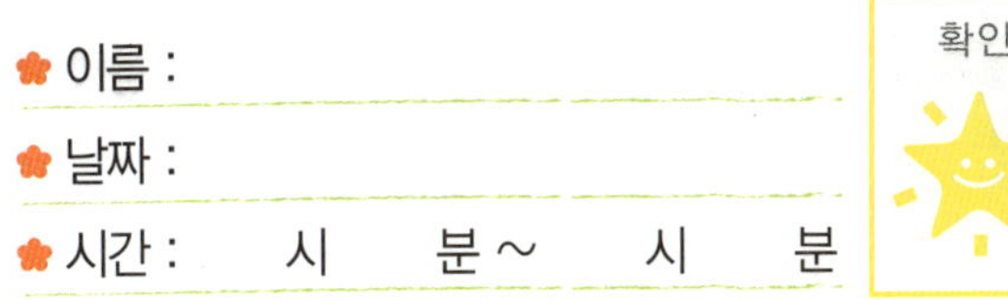

◆ **분모가 같은 대분수의 덧셈(2)** ◆

1 빈 곳에 알맞은 분수를 써넣으시오.

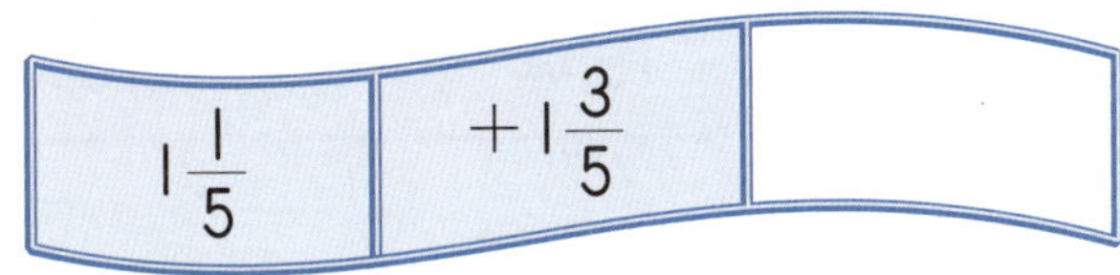

2 분수의 덧셈을 하여 빈칸에 써넣으시오.

3 □ 안에 알맞은 분수를 써넣으시오.

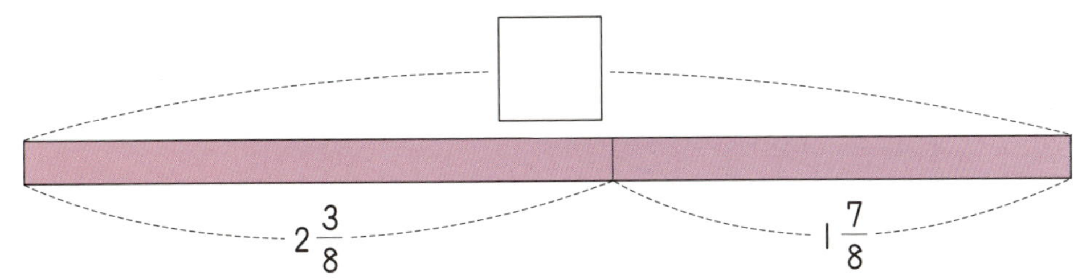

사고력 학습

4 계산 결과가 더 큰 것의 기호를 쓰시오.

$$\bigcirc\ 2\frac{2}{15}+3\frac{4}{15} \qquad\qquad \bigcirc\!\!\bigcirc\ 3\frac{8}{15}+1\frac{9}{15}$$

[답]

---

5 물이 $1\frac{2}{4}$ L 들어 있는 물통에 물을 $2\frac{1}{4}$ L 더 부었습니다. 물통에 들어 있는 물은 모두 몇 L입니까?

[식]　　　　　　　　　　　　　　　　　[답]

---

6 재활용품을 종현이는 $2\frac{3}{10}$ kg, 도란이는 $1\frac{9}{10}$ kg 모았습니다. 두 사람이 모은 재활용품의 무게는 모두 몇 kg입니까?

[답]

---

7 창원이는 동화책을 어제는 $5\frac{4}{5}$ 쪽, 오늘은 $6\frac{3}{5}$ 쪽 읽었습니다. 어제와 오늘 읽은 동화책은 모두 몇 쪽입니까?

[답]

사고력 학습

H-187a

◆ **분모가 같은 진분수의 뺄셈(1)** ◆

1 $\dfrac{5}{6} - \dfrac{3}{6}$ 은 얼마인지 알아보려고 합니다. 물음에 답하시오.

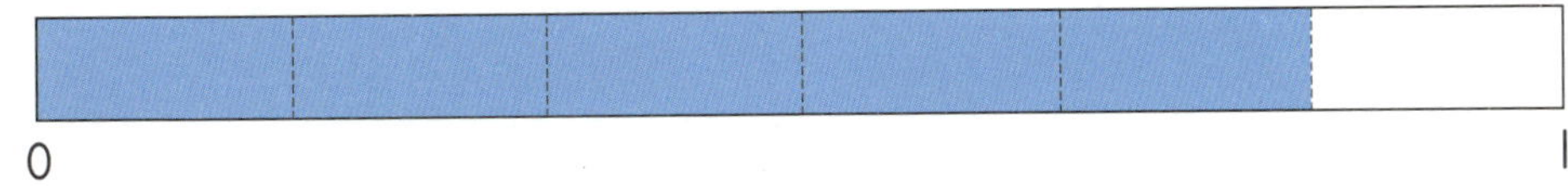

(1) 위의 색칠한 부분에서 $\dfrac{3}{6}$ 만큼 × 로 지우시오.

(2) $\dfrac{5}{6} - \dfrac{3}{6}$ 은 얼마인지 □ 안에 알맞은 수를 써넣으시오.

$$\frac{5}{6} - \frac{3}{6} = \frac{\square}{6}$$

2 그림을 보고 □ 안에 알맞은 수를 써넣으시오.

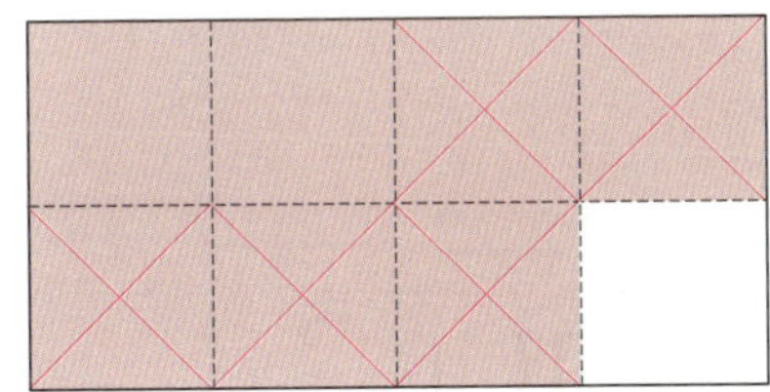

$$\frac{7}{8} - \frac{5}{8} = \frac{\square}{\square}$$

3 □ 안에 알맞은 수를 써넣으시오.

$$3 - \frac{4}{5} = (2+1) - \frac{4}{5} = 2 + \frac{\square}{\square} - \frac{4}{5} = 2 + \frac{\square}{\square} = \square\frac{\square}{\square}$$

사고력 학습

 다음을 계산하시오. [4~13]

4 $\dfrac{4}{5} - \dfrac{1}{5}$

5 $\dfrac{5}{7} - \dfrac{3}{7}$

6 $\dfrac{5}{9} - \dfrac{2}{9}$

7 $\dfrac{9}{10} - \dfrac{4}{10}$

8 $\dfrac{8}{12} - \dfrac{3}{12}$

9 $\dfrac{13}{15} - \dfrac{10}{15}$

10 $1 - \dfrac{1}{3}$

11 $1 - \dfrac{5}{6}$

12 $2 - \dfrac{3}{8}$

13 $5 - \dfrac{6}{11}$

◆ **분모가 같은 진분수의 뺄셈(2)** ◆

1 빈칸에 알맞은 분수를 써넣으시오.

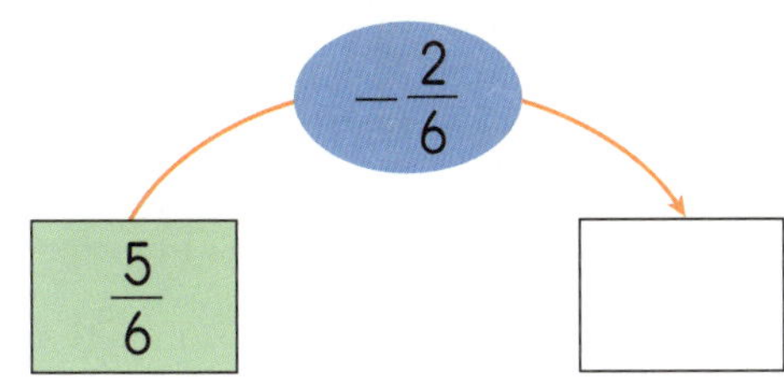

2 관계있는 것끼리 선으로 이으시오.

$1 - \dfrac{6}{12}$ •

$\dfrac{9}{12} - \dfrac{5}{12}$ •

• $\dfrac{4}{12}$

• $\dfrac{5}{12}$

• $\dfrac{6}{12}$

3 집에서 도서관까지의 거리는 몇 km입니까?

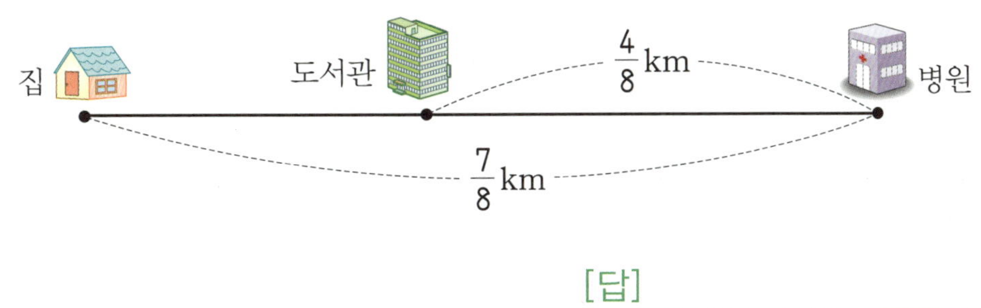

[답]

4 빈 곳에 알맞은 수를 써넣으시오.

5 ㉠과 ㉡의 차를 구하시오.

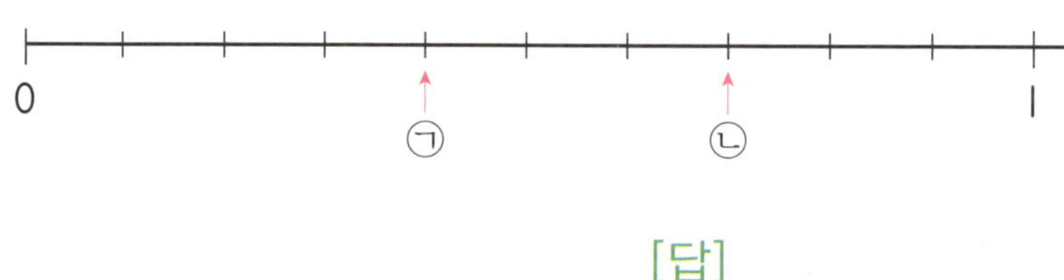

[답]

6 쇠구슬의 무게는 2kg이고, 유리구슬의 무게는 $\frac{3}{7}$kg입니다. 쇠구슬은 유리구슬보다 몇 kg 더 무겁습니까?

[식]   [답]

7 현주네 집에서 약수터까지의 거리는 $\frac{9}{13}$km이고, 중호네 집에서 약수터까지의 거리는 $\frac{12}{13}$km입니다. 약수터까지의 거리는 누구네 집이 몇 km 더 멉니까?

[답]

 사고력 학습

◆ 분모가 같은 대분수의 뺄셈(1) ◆

🐸 그림을 보고 ☐ 안에 알맞은 수를 써넣으시오. [1~2]

1 

$$2\frac{3}{4} - 1\frac{1}{4} = \boxed{}\frac{\boxed{}}{\boxed{}}$$

2

$$3\frac{2}{5} - 1\frac{4}{5} = \boxed{}\frac{\boxed{}}{\boxed{}}$$

🐸 ☐ 안에 알맞은 수를 써넣으시오. [3~4]

3 $4\frac{7}{9} - 1\frac{4}{9} = \left(\boxed{} - \boxed{}\right) + \left(\dfrac{\boxed{}}{9} - \dfrac{\boxed{}}{9}\right) = \boxed{} + \dfrac{\boxed{}}{9} = \boxed{}\dfrac{\boxed{}}{9}$

4 $5\frac{1}{6} - 3\frac{5}{6} = 4\dfrac{\boxed{}}{6} - 3\frac{5}{6} = \left(4 - \boxed{}\right) + \left(\dfrac{\boxed{}}{6} - \dfrac{5}{6}\right)$

$$= \boxed{} + \dfrac{\boxed{}}{\boxed{}} = \boxed{}\dfrac{\boxed{}}{\boxed{}}$$

다음을 계산하시오. [5~14]

5 $2\dfrac{2}{3} - 1\dfrac{1}{3}$

6 $3\dfrac{4}{6} - 1\dfrac{2}{6}$

7 $5\dfrac{7}{10} - 2\dfrac{3}{10}$

8 $7\dfrac{8}{11} - 4\dfrac{5}{11}$

9 $5\dfrac{1}{5} - 1\dfrac{3}{5}$

10 $2\dfrac{2}{7} - 1\dfrac{3}{7}$

11 $3\dfrac{1}{8} - 2\dfrac{4}{8}$

12 $4\dfrac{3}{9} - 2\dfrac{7}{9}$

13 $6\dfrac{5}{12} - 3\dfrac{11}{12}$

14 $9\dfrac{2}{13} - 5\dfrac{8}{13}$

사고력 학습

◆ 분모가 같은 대분수의 뺄셈(2) ◆

1 빈칸에 알맞은 분수를 써넣으시오.

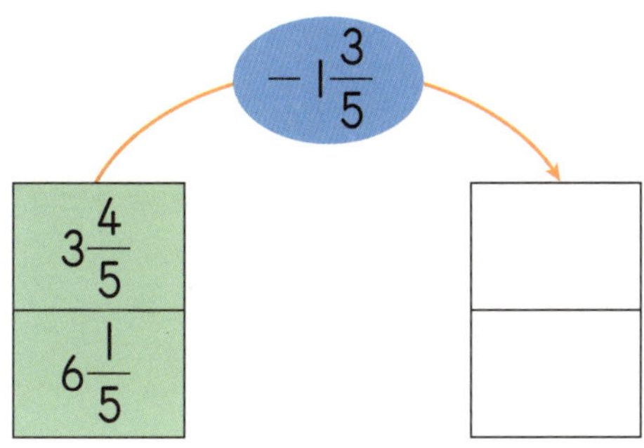

2 보기 와 같은 방법으로 계산을 하시오.

보기
$$4\frac{4}{9} - 1\frac{8}{9} = \frac{40}{9} - \frac{17}{9} = \frac{23}{9} = 2\frac{5}{9}$$

$$5\frac{3}{10} - 2\frac{7}{10}$$

3 □ 안에 알맞은 분수를 써넣으시오.

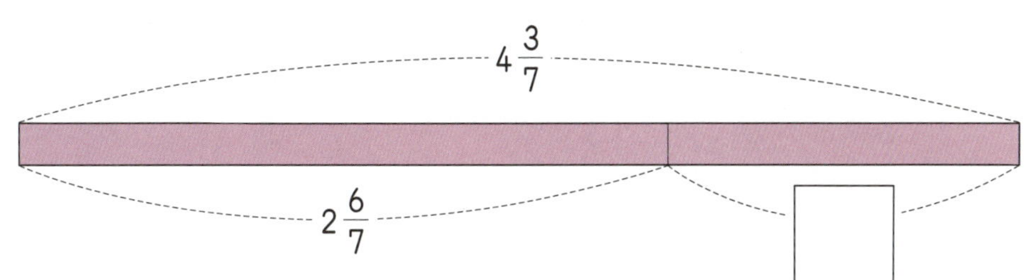

4 계산 결과가 큰 것부터 차례로 기호를 쓰시오.

$$\bigcirc\ 4\frac{7}{11}-2\frac{3}{11} \qquad \bigcirc\ 7\frac{9}{11}-5\frac{2}{11} \qquad \bigcirc\ 5\frac{2}{11}-3\frac{4}{11}$$

[답]

5 혁기가 책가방을 메고 몸무게를 재어 보았더니 $32\frac{1}{4}$ kg이었습니다. 책가방의 무게가 $2\frac{3}{4}$ kg이면 혁기의 몸무게는 몇 kg입니까?

[식] [답]

6 은주가 각 과목을 공부한 시간입니다. 가장 많이 공부한 과목은 가장 적게 공부한 과목보다 몇 시간 더 많이 했습니까?

과목	국어	수학	영어
공부한 시간	$1\frac{3}{6}$ 시간	$2\frac{1}{6}$ 시간	$2\frac{5}{6}$ 시간

[답]

 사고력 학습

◆ **분모가 같은 대분수와 진분수의 덧셈과 뺄셈(1)** ◆

😃 그림을 보고 ☐ 안에 알맞은 수를 써넣으시오. [1~2]

1

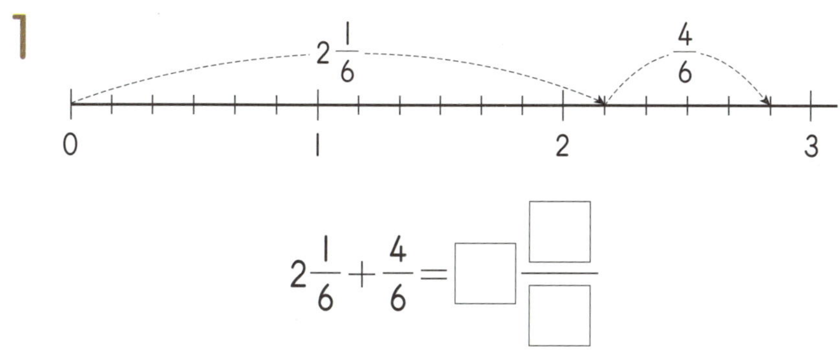

$$2\frac{1}{6} + \frac{4}{6} = \boxed{}\frac{\boxed{}}{\boxed{}}$$

2

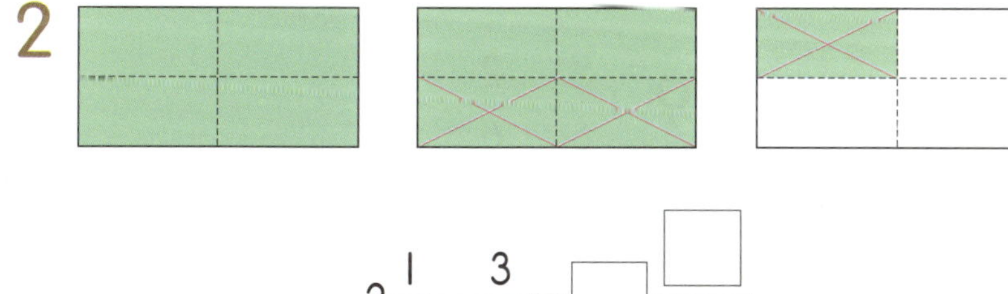

$$2\frac{1}{4} - \frac{3}{4} = \boxed{}\frac{\boxed{}}{\boxed{}}$$

3 ☐ 안에 알맞은 수를 써넣으시오.

$$2\frac{3}{7} + \frac{5}{7} = 2 + \left(\frac{\boxed{}}{\boxed{}} + \frac{5}{7}\right) = \boxed{} + \frac{\boxed{}}{\boxed{}} = \boxed{} + \boxed{}\frac{\boxed{}}{\boxed{}} = \boxed{}\frac{\boxed{}}{\boxed{}}$$

🐸 다음을 계산하시오. [4~13]

4 $1\dfrac{1}{3} + \dfrac{1}{3}$

5 $2\dfrac{2}{6} + \dfrac{3}{6}$

6 $2\dfrac{3}{4} + \dfrac{2}{4}$

7 $3\dfrac{7}{9} + \dfrac{8}{9}$

8 $5\dfrac{9}{11} + \dfrac{9}{11}$

9 $1\dfrac{5}{6} - \dfrac{2}{6}$

10 $4\dfrac{6}{7} - \dfrac{5}{7}$

11 $6\dfrac{4}{8} - 3\dfrac{7}{8}$

12 $3\dfrac{1}{10} - \dfrac{3}{10}$

13 $5\dfrac{7}{12} - \dfrac{11}{12}$

사고력 학습

★ 이름 :

★ 날짜 :

★ 시간 :　　시　　분 ~ 　　시　　분

◆ **분모가 같은 대분수와 진분수의 덧셈과 뺄셈(2)** ◆

1 관계있는 것끼리 선으로 이으시오.

$$2\frac{6}{11} - \frac{3}{11}$$ ·

$$1\frac{3}{11} + \frac{9}{11}$$ ·

· $2\frac{1}{11}$

· $2\frac{2}{11}$

· $2\frac{3}{11}$

2 빈칸에 알맞은 분수를 써넣으시오.

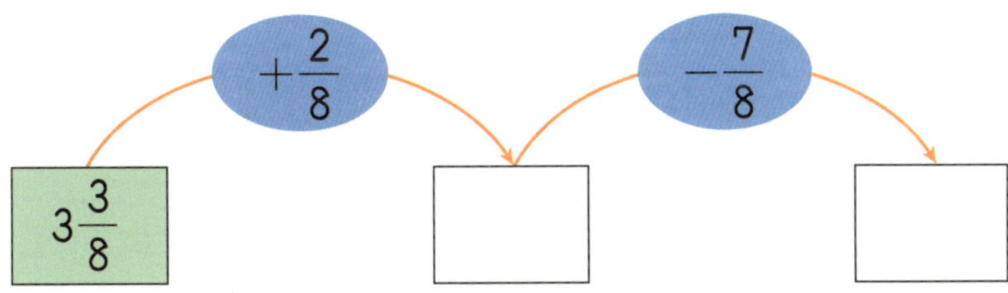

3 계산 결과를 비교하여 ◯ 안에 >, =, <를 알맞게 써넣으시오.

$$4\frac{4}{9} - \frac{8}{9} \;\bigcirc\; 2\frac{7}{9} + \frac{8}{9}$$

4 두 수의 합과 차를 각각 구하시오.

$$2\frac{4}{6} \qquad \frac{5}{6}$$

합 _______________ , 차 _______________

5 주스가 $1\frac{1}{5}$ L 있습니다. 그중에서 $\frac{3}{5}$ L를 마셨다면 남은 주스는 몇 L입니까?

[식] _______________   [답] _______________

6 규연이의 몸무게는 $32\frac{5}{8}$ kg이고, 병수의 몸무게는 규연이의 몸무게보다 $\frac{4}{8}$ kg 더 무겁다고 합니다. 병수의 몸무게는 몇 kg입니까?

[답] _______________

7 영란이는 색 테이프를 $3\frac{2}{10}$ m 가지고 있습니다. 그중에서 숙제를 하는 데 $\frac{8}{10}$ m를 사용했다면 남은 색 테이프는 몇 m입니까?

[답] _______________

사고력 학습

🔵 창의력 학습

농부는 황소와 염소를 각각 한 마리씩 기르고 있습니다. 농부가 황소와 염소에게 먹이를 주기 위해서 볏짚을 하루에 $3\frac{1}{3}$ kg씩 3일 동안 모았습니다. 하루에 볏짚을 황소는 $1\frac{2}{7}$ kg, 염소는 $\frac{5}{7}$ kg 먹는다면 3일 동안 모은 볏짚으로 황소와 염소에게 며칠 동안 먹이를 줄 수 있는지 구하시오.

[답]

할머니가 떡 20개를 가지고 산 3개를 넘으려고 합니다. 산을 넘을 때마다 호랑이가 원하는 만큼의 떡을 나누어 주었다면 산을 다 넘었을 때 남은 떡은 몇 개인지 구하시오.

[답]

 창의력 학습

 경시대회 예상문제

1 ㉠과 ㉡의 차를 구하시오.

$$㉠ \frac{9}{10} \text{보다} \frac{3}{10} \text{큰 수} \qquad ㉡ 1\frac{1}{10} \text{보다} \frac{5}{10} \text{작은 수}$$

[답]

2 1부터 9까지의 숫자 중에서 □ 안에 들어갈 수 있는 숫자를 모두 구하시오.

$$\frac{10}{13} - \frac{4}{13} < \frac{\square}{13} < \frac{2}{13} + \frac{8}{13}$$

[답]

3 다음 계산에서 잘못된 곳을 찾아 바르게 계산하시오.

$$1\frac{4}{5} + 2\frac{3}{5} = (1+2) + \left(\frac{4}{5} + \frac{3}{5}\right) = 3 + \frac{7}{10} = 3\frac{7}{10}$$

4 빈칸에 알맞은 분수를 써넣으시오.

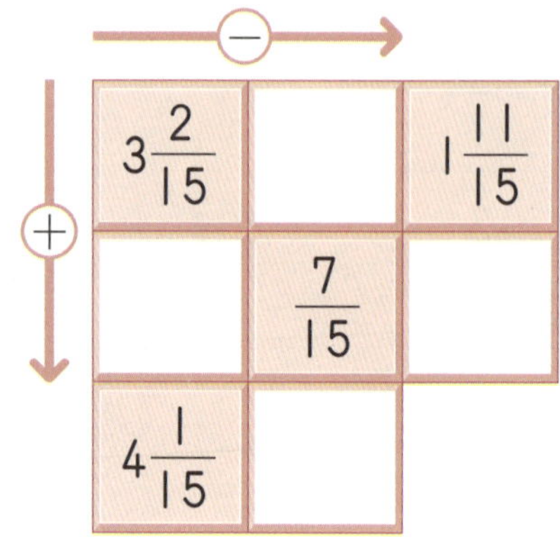

5 수지가 각 과목을 공부한 시간입니다. 국어와 영어를 공부한 시간은 수학과 과학을 공부한 시간보다 몇 시간 더 많이 했는지 풀이 과정을 쓰고 답을 구하시오.

과목	공부한 시간	과목	공부한 시간
국어	$\dfrac{5}{6}$시간	수학	$1\dfrac{1}{6}$시간
영어	$1\dfrac{3}{6}$시간	과학	$\dfrac{4}{6}$시간

[답]

6 다음 숫자 카드 중에서 2장을 골라 분모가 8인 대분수를 만들 때, 가장 큰 수와 가장 작은 수의 합을 구하시오.

[답]

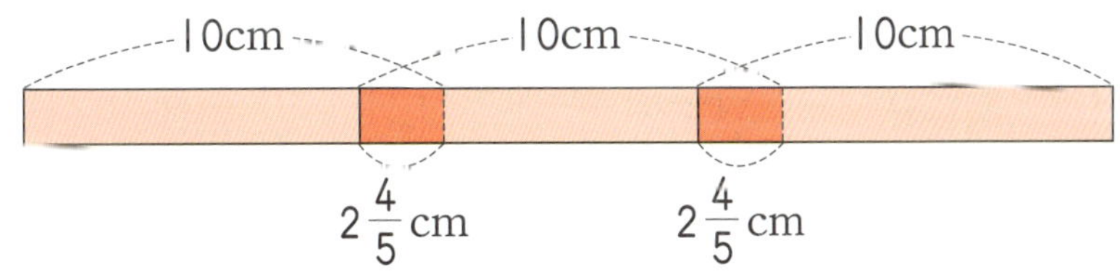

7 길이가 10cm인 색 테이프 3장을 그림과 같이 $2\frac{4}{5}$ cm만큼씩 겹쳐서 이어 붙였습니다. 이어 붙인 색 테이프 전체 길이는 몇 cm인지 풀이 과정을 쓰고 답을 구하시오.

[답]

8 어떤 수에서 $2\frac{5}{7}$ 를 더해야 할 것을 잘못하여 뺐더니 $1\frac{3}{7}$ 이 되었습니다. 바르게 계산하면 얼마입니까?

[답]

9 태웅이는 철사를 사용하여 다음과 같은 정사각형과 정삼각형을 각각 만들었습니다. 어떤 도형을 만드는 데 철사를 몇 cm 더 사용했습니까?

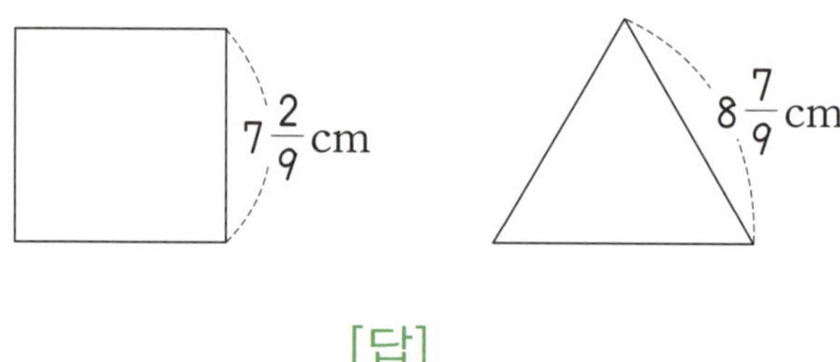

[답]

10 하루에 $1\frac{1}{7}$초씩 빨라지는 시계가 있습니다. 이 시계를 오늘 오후 1시에 정확히 맞추어 놓았습니다. 일주일 후 오후 1시에 이 시계가 가리키는 시각을 구하시오.

[답]

11 재민이는 밀가루로 수제비를 만드는 데 전체의 $\frac{3}{9}$, 칼국수를 만드는 데 전체의 $\frac{4}{9}$를 사용했습니다. 남은 밀가루가 200g일 때 전체 밀가루는 몇 g인지 구하시오.

[답]

경시대회 예상문제

H4

H196a ~ H210b

학습 관리표

학습 내용		이번 주는?
소수의 덧셈과 뺄셈	• 소수의 덧셈 1 • 소수의 덧셈 2 • 소수의 덧셈 3 • 소수의 뺄셈 1 • 소수의 뺄셈 2 • 소수의 뺄셈 3 • 창의력 학습 • 경시대회 예상문제	• 학습 방법 : ① 매일매일 ② 가끔 ③ 한꺼번에 　　　　　　 하였습니다. • 학습 태도 : ① 스스로 잘 ② 시켜서 억지로 　　　　　　 하였습니다. • 학습 흥미 : ① 재미있게 ② 싫증내며 　　　　　　 하였습니다. • 교재 내용 : ① 적합하다고 ② 어렵다고 ③ 쉽다고 　　　　　　 하였습니다.

지도 교사가 부모님께	부모님이 지도 교사께

평가	Ⓐ 아주 잘함	Ⓑ 잘함	Ⓒ 보통	Ⓓ 부족함

원(교)　　　　　　반　　이름　　　　　　전화

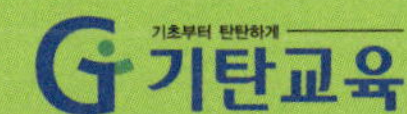

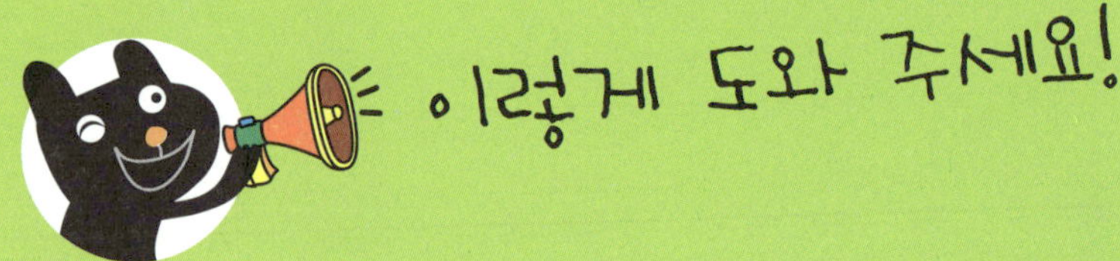

● 학습 목표

- 자연수가 없는 소수 한 자리 수 범위의 덧셈 계산 원리를 이해하고 계산할 수 있습니다.
- 자연수가 없는 소수 두 자리 수 범위의 덧셈 계산 원리를 이해하고 계산할 수 있습니다.
- 자연수가 있는 소수 세 자리 수 범위의 덧셈 계산 원리를 이해하고 계산할 수 있습니다.
- 소수 한 자리 수 범위의 뺄셈 계산 원리를 이해하고 계산할 수 있습니다.
- 자연수가 없는 소수 두 자리 수 범위의 뺄셈 계산 원리를 이해하고 계산할 수 있습니다.
- 자연수가 있는 소수 세 자리 수 범위의 뺄셈 계산 원리를 이해하고 계산할 수 있습니다.
- 소수 두 자리 수끼리의 덧셈, 뺄셈에 관련된 문제를 해결할 수 있습니다.

● 지도 내용

- (소수 한 자리 수)+(소수 한 자리 수)를 계산하게 합니다.
- (소수 두 자리 수)+(소수 두 자리 수)를 계산하게 합니다.
- 소수의 자릿수가 다른 수끼리의 덧셈을 계산하게 합니다.
- (소수 한 자리 수)−(소수 한 자리 수)를 계산하게 합니다.
- (소수 두 자리 수)−(소수 두 자리 수)를 계산하게 합니다.
- 소수의 자릿수가 다른 수끼리의 뺄셈을 계산하게 합니다.

● 지도 요점

자리가 같은 소수의 범위에서 받아올림이나 받아내림이 없는 경우를 먼저 학습한 후에 받아올림이나 받아내림이 있는 경우를 학습하여 계산 원리와 방법을 이해시킵니다. 그 후에 소수의 자리가 다른 경우도 학습하여 일반적인 소수의 덧셈과 뺄셈을 모두 해결할 수 있게 합니다. 소수의 덧셈과 뺄셈을 계산하는 방법은 자연수의 덧셈과 뺄셈을 계산하는 방법과 같음을 알게 합니다. 또 생활에서 소수의 계산이 필요한 경우를 찾아보게 하고 활용할 수 있게 합니다.

◆ **소수의 덧셈1 (1)** ◆

그림을 보고 □ 안에 알맞은 수를 써넣으시오. [1~2]

1

$$0.5 + 0.3 = \boxed{}$$

2

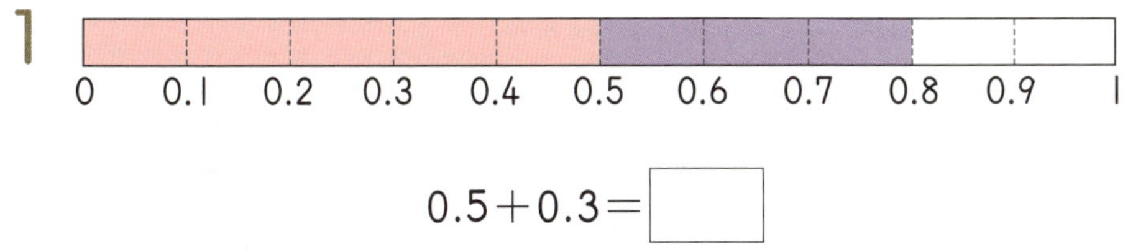

$$0.6 + 0.8 = \boxed{}$$

3 □ 안에 알맞은 수를 써넣으시오.

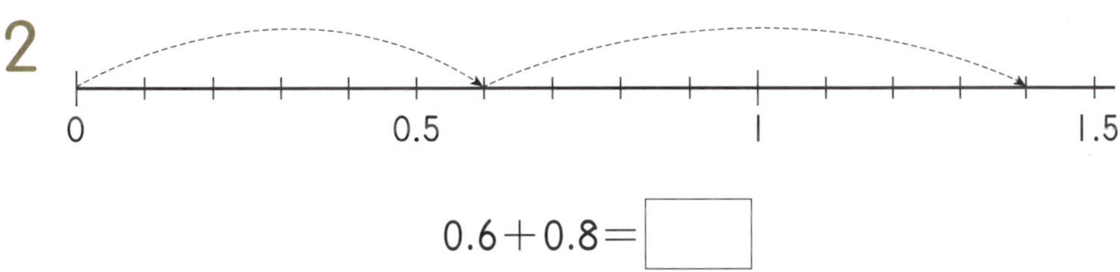

🐸 다음을 계산하시오. [4~13]

4 $0.3+0.4$

5 $0.7+0.2$

6 $0.5+0.8$

7 $0.9+0.6$

8 $0.7+0.7$

9 $0.8+0.3$

10
$$\begin{array}{r} 0.6 \\ +\ 0.1 \\ \hline \end{array}$$

11
$$\begin{array}{r} 0.4 \\ +\ 0.4 \\ \hline \end{array}$$

12
$$\begin{array}{r} 0.9 \\ +\ 0.8 \\ \hline \end{array}$$

13
$$\begin{array}{r} 0.5 \\ +\ 0.6 \\ \hline \end{array}$$

◆ **소수의 덧셈1 (2)** ◆

1 빈칸에 알맞은 수를 써넣으시오.

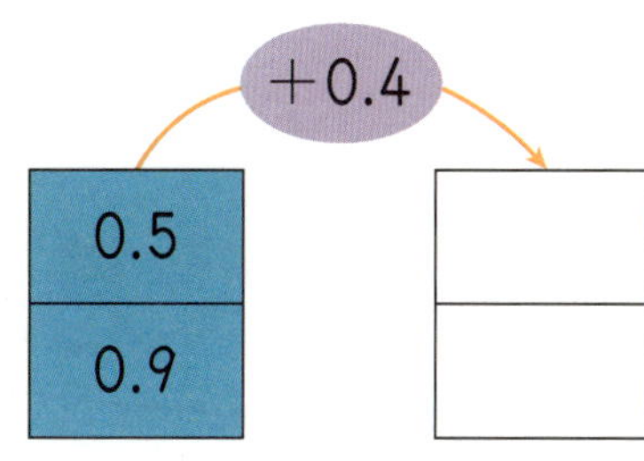

2 관계있는 것끼리 선으로 이으시오.

0.4+0.7 •	• 1.1
0.6+0.6 •	• 1.2
	• 1.3

3 ㉠과 ㉡의 합을 구하시오.

> ㉠ 0.1이 6개인 수   ㉡ 0.1이 7개인 수

[답]

4 집에서 약수터를 지나 산 정상까지 가는 거리는 몇 km입니까?

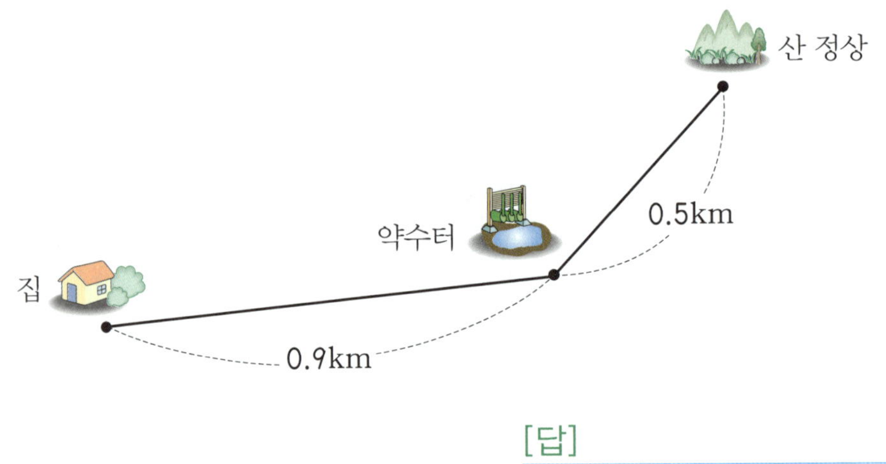

[답]

5 하진이가 우유를 어제는 0.6L, 오늘은 0.8L 마셨습니다. 하진이가 어제와 오늘 마신 우유는 모두 몇 L입니까?

[식]   [답]

6 바구니 안에 0.5kg인 귤과 800g인 사과가 한 개씩 들어 있습니다. 바구니 안에 들어 있는 귤과 사과의 무게는 몇 kg입니까?

[답]

사고력 학습

◆ **소수의 덧셈2 (1)** ◆

1 가장 작은 사각형 1개의 크기를 0.01이라고 했을 때, 그림을 보고 □ 안에 알맞은 수를 써넣으시오.

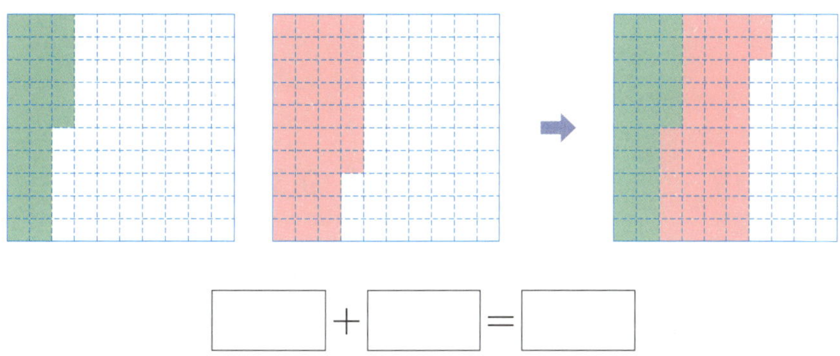

$$\boxed{} + \boxed{} = \boxed{}$$

🐸 □ 안에 알맞은 수를 써넣으시오. [2~3]

2

$$\begin{array}{r} 0.42 \\ + \ 0.16 \\ \hline \end{array}$$
➡
0.42 → 0.01이 □ 개
\+ 0.16 → 0.01이 □ 개
0.01이 □ 개
➡
$$\begin{array}{r} 0.42 \\ + \ 0.16 \\ \hline \boxed{} \end{array}$$

3

$$\begin{array}{r} 0.5 \\ + \ 0.21 \\ \hline \end{array}$$
➡
0.5 → 0.01이 □ 개
\+ 0.21 → 0.01이 □ 개
0.01이 □ 개
➡
$$\begin{array}{r} 0.5 \\ + \ 0.21 \\ \hline \boxed{} \end{array}$$

다음을 계산하시오. [4~13]

4 $0.22 + 0.67$

5 $0.48 + 0.3$

6 $0.56 + 0.19$

7 $0.31 + 0.83$

8 $0.9 + 0.72$

9 $0.42 + 0.89$

10
$$\begin{array}{r} 0.15 \\ +\ 0.63 \\ \hline \end{array}$$

11
$$\begin{array}{r} 0.2 \\ +\ 0.39 \\ \hline \end{array}$$

12
$$\begin{array}{r} 0.27 \\ +\ 0.44 \\ \hline \end{array}$$

13
$$\begin{array}{r} 0.53 \\ +\ 0.78 \\ \hline \end{array}$$

◆ 소수의 덧셈2 (2) ◆

1 두 수의 합을 빈 곳에 써넣으시오.

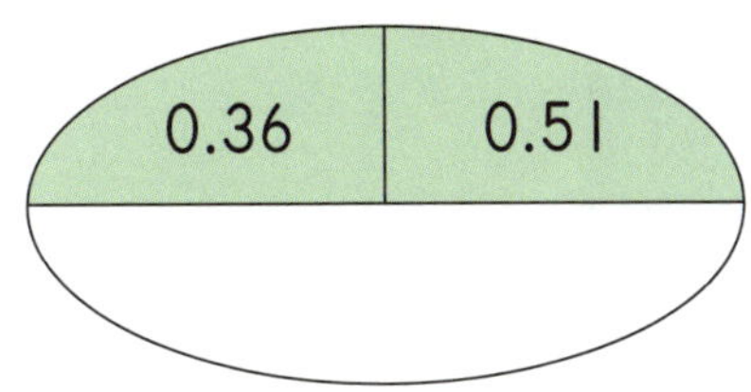

2 빈칸에 알맞은 수를 써넣으시오.

+	0.25	0.76
0.43		
0.5		

3 □ 안에 알맞은 수를 써넣으시오.

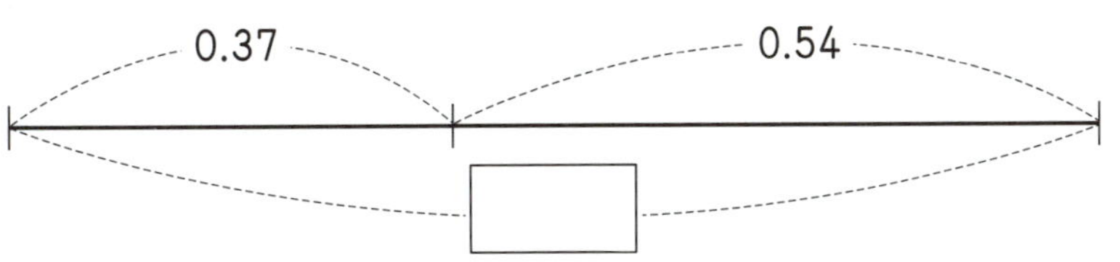

4 빈칸에 알맞은 수를 써넣으시오.

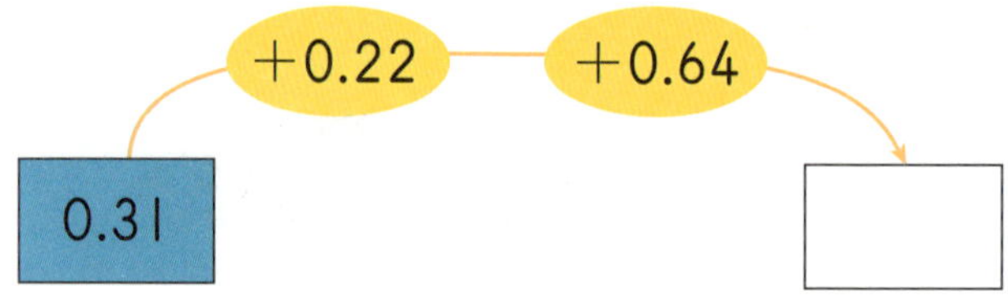

5 계산 결과가 큰 것부터 차례로 기호를 쓰시오.

> ㉠ 0.35＋0.51　　㉡ 0.44＋0.72　　㉢ 0.34＋0.67

[답]

6 양동이에 물이 0.33L 들어 있습니다. 물을 0.45L 더 붓는다면 양동이에 들어 있는 물은 모두 몇 L가 됩니까?

[식]　　　　　　　　　　　　　　[답]

7 용수는 가지고 있는 리본 중에서 0.63m를 사용했더니 57cm가 남았습니다. 용수가 처음에 가지고 있던 리본은 몇 m입니까?

[답]

사고력 학습

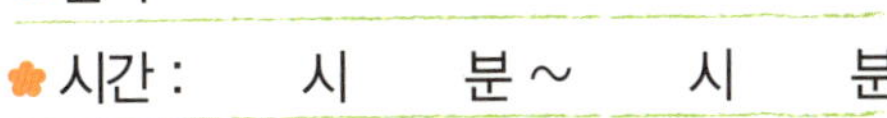

◆ **소수의 덧셈3 (1)** ◆

□ 안에 알맞은 수를 써넣으시오. [1~2]

1

$$\begin{array}{r} 1.75 \\ +\ 3.62 \end{array}$$

$1.75 \rightarrow 0.01$이 □ 개
$+\ 3.62 \rightarrow 0.01$이 □ 개

0.01이 □ 개

$$\begin{array}{r} 1.75 \\ +\ 3.62 \\ \hline \quad \end{array}$$

2

$$\begin{array}{r} 2.687 \\ +\ 4.55 \end{array}$$

$2.687 \rightarrow 0.001$이 □ 개
$+\ 4.55\ \ \rightarrow 0.001$이 □ 개

0.001이 □ 개

$$\begin{array}{r} 2.687 \\ +\ 4.55 \\ \hline \quad \end{array}$$

다음을 계산하시오. [3~6]

3 $6.13 + 3.42$

4 $3.57 + 1.86$

5 $5.26 + 2.719$

6 $4.48 + 27.054$

🐸 다음을 계산하시오. [7~10]

7
$$\begin{array}{r} 1.14 \\ +\ 3.25 \\ \hline \end{array}$$

8
$$\begin{array}{r} 6.72 \\ +\ 7.59 \\ \hline \end{array}$$

9
$$\begin{array}{r} 3.704 \\ +\ 3.61 \\ \hline \end{array}$$

10
$$\begin{array}{r} 11.48 \\ +\ 4.591 \\ \hline \end{array}$$

🐸 계산에서 잘못된 곳을 찾아 바르게 계산하시오. [11~12]

11
$$\begin{array}{r} 4.73 \\ +\ 2.79 \\ \hline 6.42 \end{array}$$
➡

12
$$\begin{array}{r} 6.15 \\ +\ 12.7 \\ \hline 74.2 \end{array}$$
➡

사고력 학습

◆ **소수의 덧셈3 (2)** ◆

1 다음 수를 구하시오.

3.57보다 1.42 큰 수

[답] ________________

2 빈칸에 알맞은 수를 써넣으시오.

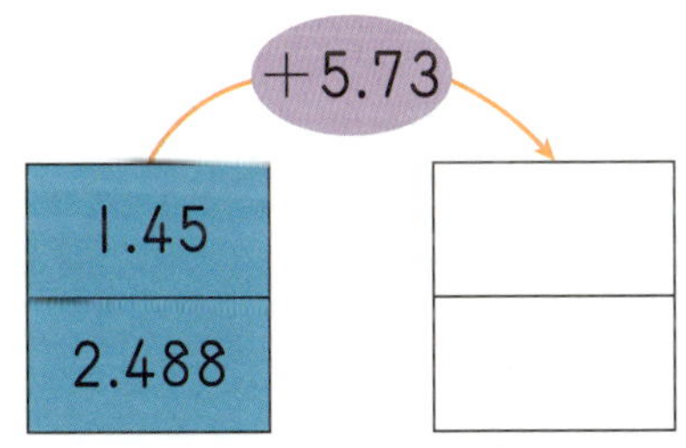

크기를 비교하여 ○ 안에 >, =, <를 알맞게 써넣으시오. [3~4]

3 2.75+3.48 ○ 6.22

4 1.086+5.27 ○ 4.42+2.895

사고력 학습

5 가장 큰 수와 가장 작은 수의 합을 구하시오.

> 6.004　　4.825　　11.73　　8.2

[답]

6 ㉠과 ㉡의 합을 구하시오.

> ㉠ 1이 2개, 0.1이 5개, 0.01이 6개인 수
> ㉡ 1이 4개, 0.1이 7개, 0.001이 1개인 수

[답]

7 정현이의 몸무게는 **26.85kg**입니다. 정현이가 **6.09kg**인 고양이를 안고 저울에 올라서면 저울의 눈금은 몇 **kg**을 가리킵니까?

[식]　　　　　　　　　　　　　　[답]

8 어떤 수에서 **4.031**을 빼었더니 **7.512**가 되었습니다. 어떤 수는 얼마입니까?

[답]

사고력 학습

★ 이름 :

★ 날짜 :

★ 시간 :　　시　　분 ~ 　시　　분

◆ **소수의 뺄셈1 (1)** ◆

그림을 보고 ☐ 안에 알맞은 수를 써넣으시오. [1~2]

1

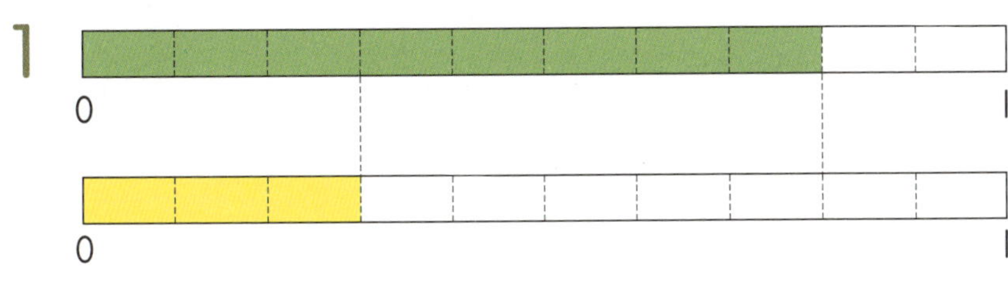

$$0.8 - 0.3 = \boxed{}$$

2

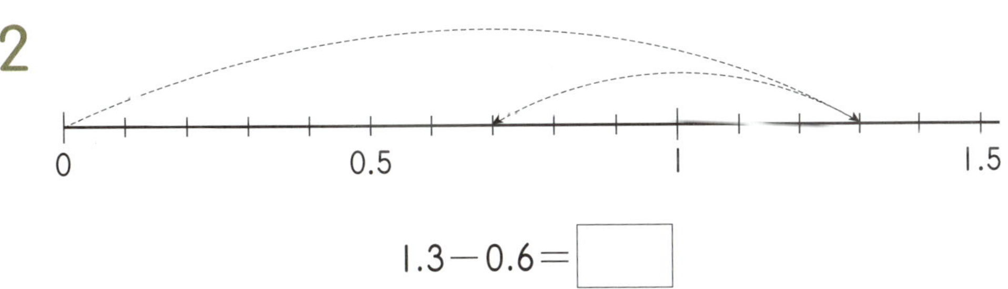

$$1.3 - 0.6 = \boxed{}$$

3 ☐ 안에 알맞은 수를 써넣으시오.

- 1.1은 0.1이 ☐ 개입니다.

- 0.7은 0.1이 ☐ 개입니다.

- 1.1 − 0.7은 0.1이 ☐ 개입니다.

➡ $1.1 - 0.7 = \boxed{}$

사고력 학습

다음을 계산하시오. [4~13]

4 0.5 − 0.4

5 0.9 − 0.6

6 1.2 − 0.5

7 1.7 − 0.9

8 1.6 − 0.8

9 2.3 − 0.7

10
$$\begin{array}{r} 0.6 \\ -\ 0.3 \\ \hline \end{array}$$

11
$$\begin{array}{r} 0.9 \\ -\ 0.7 \\ \hline \end{array}$$

12
$$\begin{array}{r} 1.3 \\ -\ 0.4 \\ \hline \end{array}$$

13
$$\begin{array}{r} 1.5 \\ -\ 0.8 \\ \hline \end{array}$$

사고력 학습

◆ **소수의 뺄셈1 (2)** ◆

1 두 수의 차를 빈 곳에 써넣으시오.

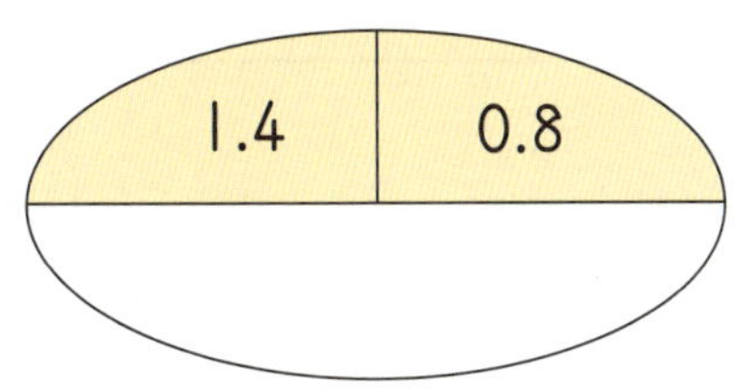

2 빈칸에 알맞은 수를 써넣으시오.

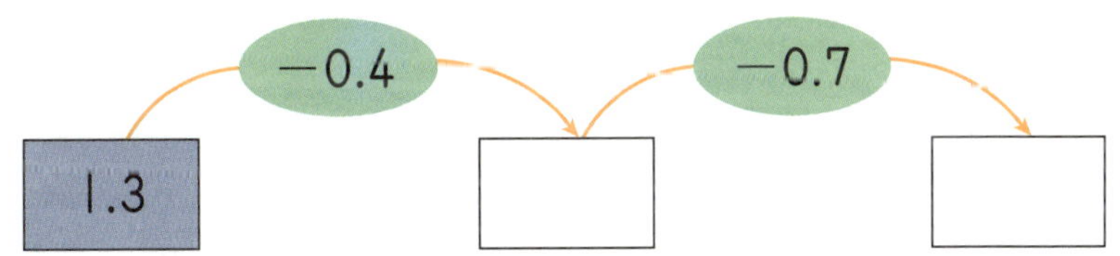

3 집에서 우체국까지의 거리는 집에서 병원까지의 거리보다 몇 km 더 멉니까?

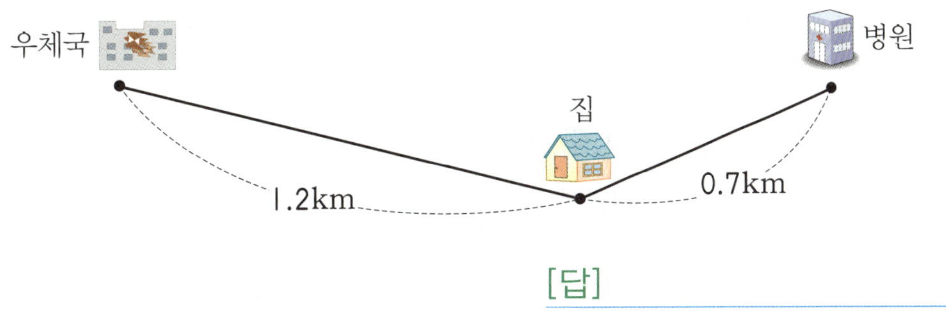

[답] ______________________

4 계산 결과가 큰 것부터 차례로 기호를 쓰시오.

> ㉠ 0.9 − 0.2　　　㉡ 1.2 − 0.4　　　㉢ 1.5 − 0.9

[답]

5 우유가 1.2L 있습니다. 강석이가 우유를 마셨더니 0.9L 남았습니다. 강석이가 마신 우유는 몇 L입니까?

[식]　　　　　　　　　　　　　　　　　[답]

6 파란색 테이프의 길이는 1.4m이고, 빨간색 테이프의 길이는 파란색 테이프의 길이보다 0.6m 짧습니다. 빨간색 테이프의 길이는 몇 m입니까?

[답]

7 재활용품을 순영이는 1.5kg, 지훈이는 0.8kg 모았습니다. 순영이는 지훈이보다 재활용품을 몇 kg 더 모았습니까?

[답]

◆ **소수의 뺄셈2 (1)** ◆

🐸 가장 작은 정사각형 한 개의 크기를 0.01이라고 했을 때, 그림을 보고 ☐ 안에 알맞은 수를 써넣으시오. [1~2]

1

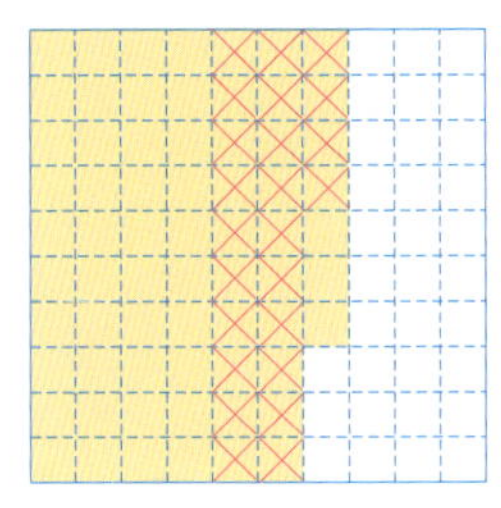

0.67 − 0.24 = ☐

2

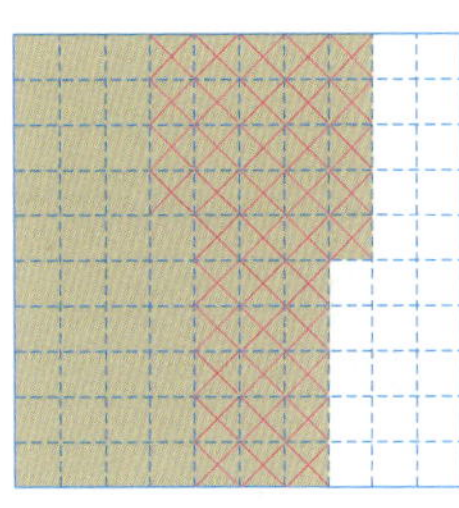

0.75 − ☐ = ☐

🐸 ☐ 안에 알맞은 수를 써넣으시오. [3~4]

3

$$\begin{array}{r} 0.68 \\ -\ 0.43 \\ \hline \end{array}$$
➡
0.68 → 0.01이 ☐ 개
− 0.43 → 0.01이 ☐ 개
0.01이 ☐ 개
➡
$$\begin{array}{r} 0.68 \\ -\ 0.43 \\ \hline \end{array}$$

4

$$\begin{array}{r} 0.5 \\ -\ 0.29 \\ \hline \end{array}$$
➡
0.5 → 0.01이 ☐ 개
− 0.29 → 0.01이 ☐ 개
0.01이 ☐ 개
➡
$$\begin{array}{r} 0.5 \\ -\ 0.29 \\ \hline \end{array}$$

🐸 다음을 계산하시오. [5~14]

5 0.25 − 0.11

6 0.79 − 0.39

7 0.64 − 0.33

8 0.71 − 0.56

9 0.4 − 0.08

10 0.62 − 0.19

11
$$\begin{array}{r} 0.49 \\ -\ 0.16 \\ \hline \end{array}$$

12
$$\begin{array}{r} 0.7 \\ -\ 0.35 \\ \hline \end{array}$$

13
$$\begin{array}{r} 0.82 \\ -\ 0.47 \\ \hline \end{array}$$

14
$$\begin{array}{r} 0.55 \\ -\ 0.29 \\ \hline \end{array}$$

★ 이름 :

★ 날짜 :

★ 시간 : 시 분 ~ 시 분

확인

◆ **소수의 뺄셈2 (2)** ◆

1 빈 곳에 알맞은 수를 써넣으시오.

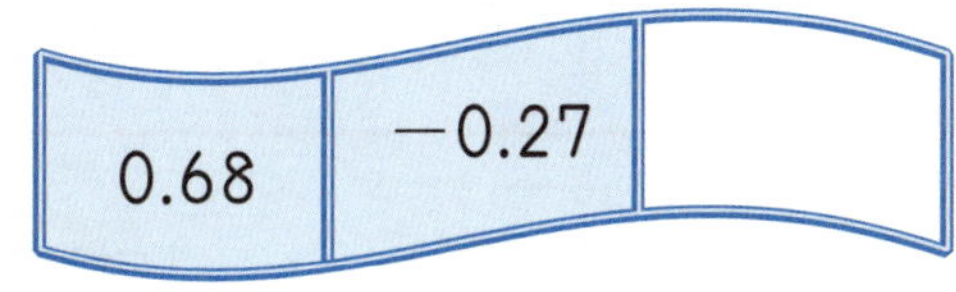

2 빈칸에 알맞은 수를 써넣으시오.

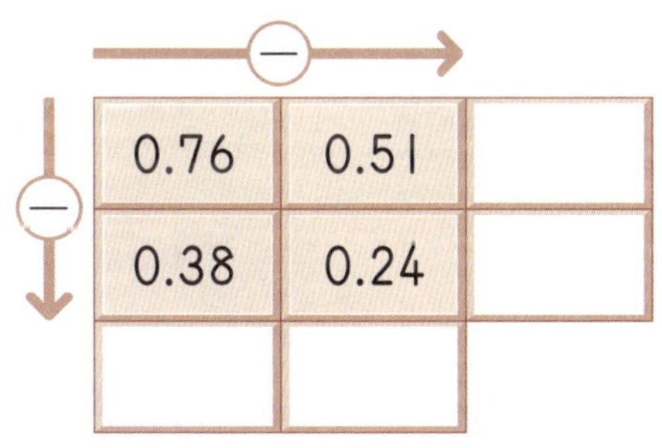

3 ☐ 안에 알맞은 수를 써넣으시오.

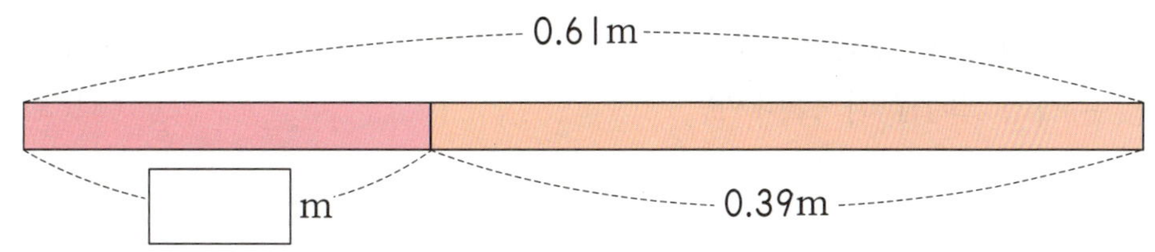

사고력 학습

4 두 수의 차를 소수로 나타내시오.

$$0.27 \qquad \frac{6}{10}$$

[답]

5 □ 안에 알맞은 수를 써넣으시오.

$$0.67 - \boxed{} = 0.15$$

6 밀가루 0.8kg으로 빵을 만들었더니 0.25kg이 남았습니다. 빵을 만드는 데 사용한 밀가루는 몇 kg입니까?

[식]   [답]

7 은정이의 앉은키는 0.75m이고, 재원이의 앉은키는 0.91m입니다. 누구의 앉은키가 몇 m 더 큽니까?

[답]

 사고력 학습

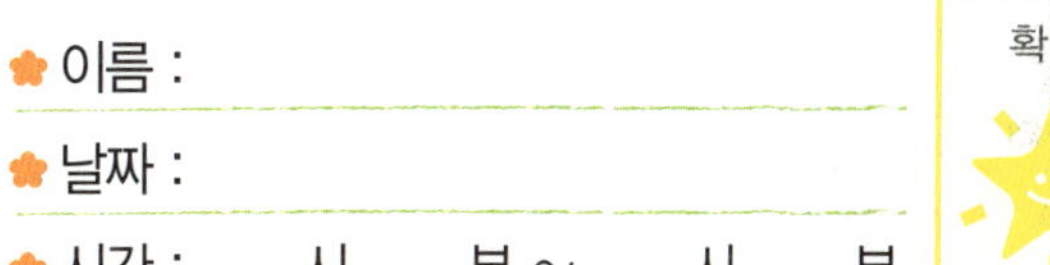

◆ **소수의 뺄셈3 (1)** ◆

□ 안에 알맞은 수를 써넣으시오. [1~2]

1

$$\begin{array}{r} 5.37 \\ -\ 1.24 \\ \hline \end{array}$$
➡
5.37 → 0.01이 □ 개
− 1.24 → 0.01이 □ 개
0.01이 □ 개
➡
$$\begin{array}{r} 5.37 \\ -\ 1.24 \\ \hline \end{array}$$

2

$$\begin{array}{r} 7.036 \\ -\ 4.85 \\ \hline \end{array}$$
➡
7.036 → 0.001이 □ 개
− 4.85 → 0.001이 □ 개
0.001이 □ 개
➡
$$\begin{array}{r} 7.036 \\ -\ 4.85 \\ \hline \end{array}$$

다음을 계산하시오. [3~6]

3 5.27 − 3.11

4 17.66 − 2.54

5 46.19 − 18.57

6 7 − 2.004

🐸 다음을 계산하시오. [7~10]

7
   8.65
− 3.41

8
   4.266
− 1.59

9
   6.427
− 2.58

10
   7.05
− 6.248

🐸 계산에서 잘못된 곳을 찾아 바르게 계산하시오. [11~12]

11
   13.7
− 6.514
   7.214
→

12
  85.49
− 2.31
  6.239
→

◆ **소수의 뺄셈3 (2)** ◆

1 두 수의 차를 구하시오.

| 4.52 | 7.68 |

[답]

2 빈칸에 알맞은 수를 써넣으시오.

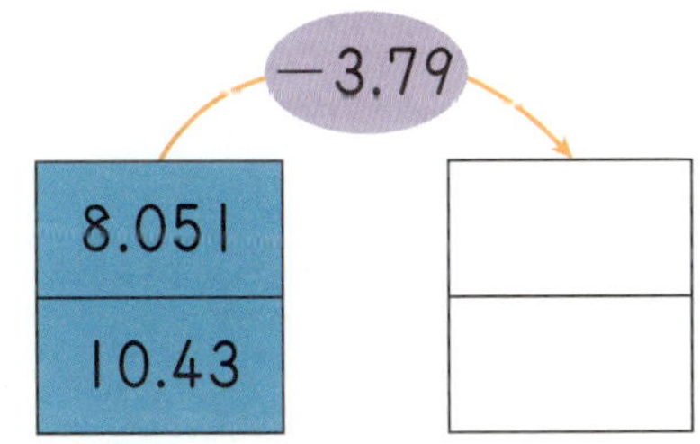

3 가장 큰 수와 가장 작은 수의 차를 소수로 나타내시오.

| 9 | $\dfrac{8208}{1000}$ | $10\dfrac{13}{100}$ | 8.09 |

[답]

4 계산 결과가 더 큰 것의 기호를 쓰시오.

> ㉠ 12.344 − 9.57   ㉡ 8.37 − 5.104

[답]

5 1에서 9까지의 숫자 중에서 □ 안에 들어갈 수 있는 숫자를 모두 구하시오.

> □.001 < 14.08 − 9.572

[답]

6 호영이의 몸무게는 41.72kg입니다. 동생의 몸무게는 호영이의 몸무게보다 6.03kg이 가볍다면 동생의 몸무게는 몇 kg입니까?

[식]   [답]

7 수만이네 집에서 현주네 집까지의 거리는 13.825km입니다. 수만이가 자전거를 타고 현주네 집으로 갈 때, 9.61km를 갔다면 남은 거리는 몇 km입니까?

[답]

 사고력 학습

★ 이름 :

★ 날짜 :

★ 시간 :　　시　　분 ~ 　　시　　분

🔵 창의력 학습

소수 두 자리 수가 있습니다. 이 소수의 소수점을 오른쪽으로 한 칸 옮긴 후 처음 소수와 더했더니 87.12가 되었습니다. 처음 소수는 얼마인지 구하시오.

[답]

웅이가 1.6m인 막대로 연못의 깊이를 재려고 합니다. 연못의 한가운데에 막대를 연못과 직각이 되도록 넣어 본 다음, 똑같은 위치에 다시 거꾸로 넣었더니 물에 젖지 않은 부분이 0.4m였습니다. 연못의 깊이는 몇 m인지 구하시오.

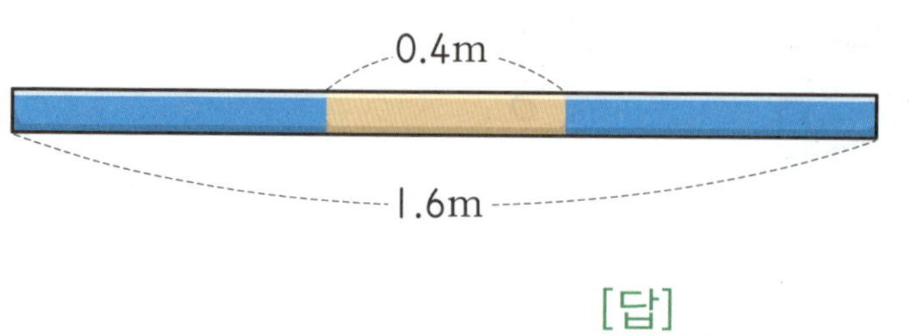

[답]

✿ 이름 :
✿ 날짜 :
✿ 시간 :   시   분 ~   시   분

확인

✚ 경시대회 예상문제

1 계산 결과가 큰 것부터 차례로 기호를 쓰시오.

> ㉠ 1.95＋8.27   ㉡ 11.05－2.639
> ㉢ 15－4.115   ㉣ 9.689＋0.74

[답]

2 ■－●＋▲의 값을 구하시오.

> ■＝9.005
> ●＝11.403－7.097
> ▲＝0.82보다 13.37 큰 수

[답]

🐸 □ 안에 알맞은 숫자를 써넣으시오. [3~4]

3
```
    □ 4 . 8 5
 +  2 □ . □ 4
 ─────────────
    5 5 . 5 □
```

4
```
    7 . □ 3 1
 -  □ . 9 4 □
 ─────────────
    1 . 0 □ 5
```

5 은수가 집에서 학교까지 가려고 합니다. 서점과 우체국 중 어느 쪽을 거쳐 가는 길이 몇 km 더 가깝습니까?

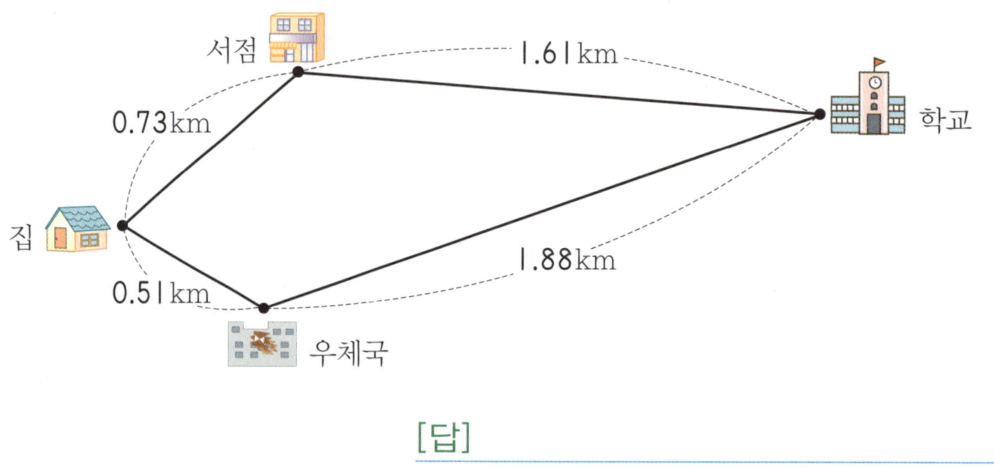

[답]

6 두 수의 차를 구하시오.

- 37.1의 $\dfrac{1}{10}$배인 수
- 1.054의 10배인 수

[답]

7 1에서 9까지의 숫자 중에서 □ 안에 들어갈 수 있는 숫자를 모두 구하시오.

$$5.92+1.46>7.\square54$$

[답]

8 바구니 안에 사과와 수박을 넣고 무게를 재어 보았더니 **9kg 200g**이었습니다. 사과가 **1.02kg**, 수박이 **7.59kg**일 때, 빈 바구니의 무게는 몇 **kg**입니까?

[답]

9 빨간색 테이프와 초록색 테이프를 다음과 같이 겹쳐서 이어 붙였습니다. 전체 길이가 **16.72cm**일 때, 겹쳐진 부분의 길이는 몇 **cm**인지 풀이 과정을 쓰고 답을 구하시오.

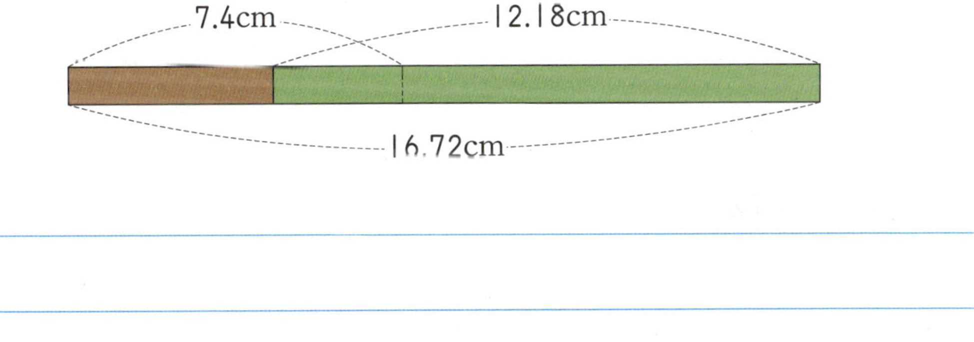

[답]

10 규칙에 따라 빈 곳에 알맞은 수를 써넣으시오.

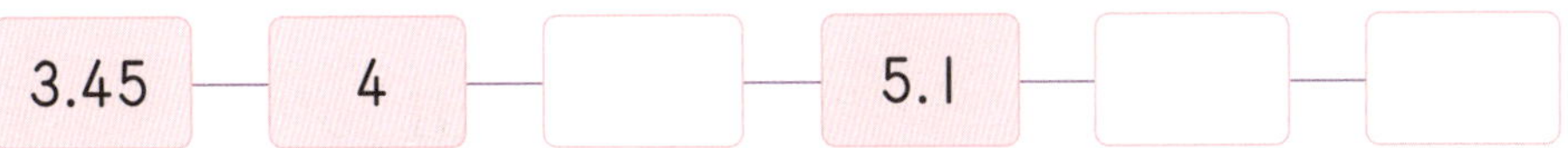

11 어떤 수에서 0.57의 $\frac{1}{10}$ 배인 수를 빼야 할 것을 잘못 계산하여 0.57의 10배
인 수를 뺐더니 1.34가 되었습니다. 바르게 계산하면 얼마입니까?

[답]

12 철사가 3m 있습니다. 미술 시간에 용주는 0.68m를 사용했고, 미혜는 용주
보다 0.3m를 더 사용했다면 남아 있는 철사는 몇 m입니까?

[답]

13 다음 6장의 카드를 모두 한 번씩 사용하여 소수 세 자리 수를 만들려고 합니
다. 만들 수 있는 가장 큰 소수와 가장 작은 소수의 차는 얼마인지 풀이 과정
을 쓰고 답을 구하시오.

[답]

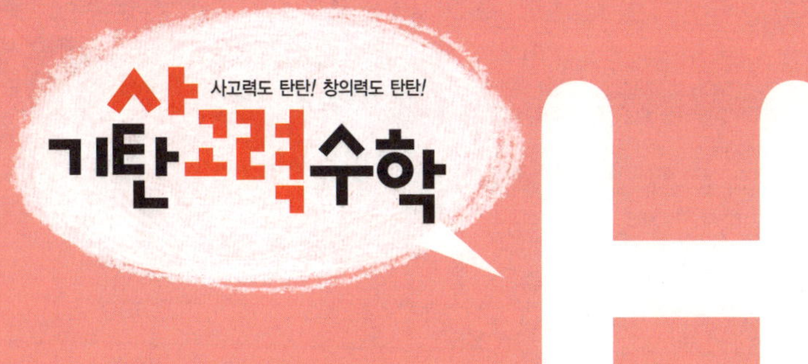

학습 관리표

학습 내용		이번 주는?
수직과 평행	• 수직과 수선 • 수선 긋기 • 평행선 • 평행선 긋기 • 평행선 사이의 거리 • 창의력 학습 • 경시대회 예상문제	• 학습 방법 : ① 매일매일　② 가끔　③ 한꺼번에 　　　　　　하였습니다. • 학습 태도 : ① 스스로 잘　② 시켜서 억지로 　　　　　　하였습니다. • 학습 흥미 : ① 재미있게　② 싫증내며 　　　　　　하였습니다. • 교재 내용 : ① 적합하다고　② 어렵다고　③ 쉽다고 　　　　　　하였습니다.

지도 교사가 부모님께	부모님이 지도 교사께

평가	Ⓐ 아주 잘함	Ⓑ 잘함	Ⓒ 보통	Ⓓ 부족함

원(교)　　　　　반　이름　　　　　전화

기초부터 탄탄하게
G 기탄교육
www.gitan.co.kr / (02)586-1007(대)

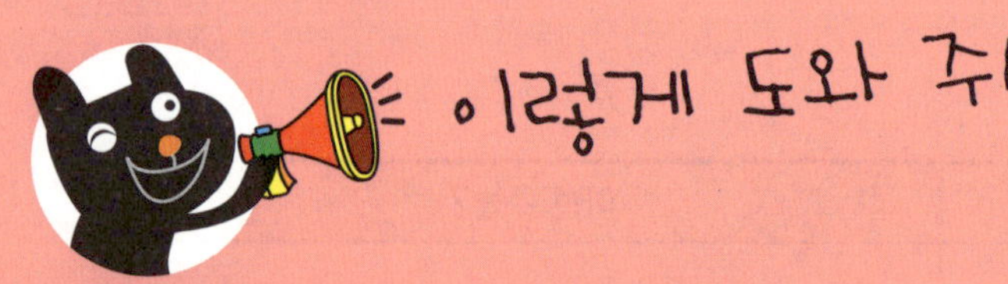

● 학습 목표
– 수직과 수선을 이해하고 수선을 그을 수 있습니다.
– 평행과 평행선을 이해하고 평행선을 그을 수 있습니다.
– 평행선 사이의 거리를 이해하고 그 거리를 잴 수 있습니다.

● 지도 내용
– 수직과 수선에 대해 알게 합니다.
– 삼각자를 사용하여 수선을 그려 보게 합니다.
– 각도기를 사용하여 수선을 그려 보게 합니다.
– 평행과 평행선에 대해 알게 합니다.
– 평행선 사이의 거리를 나타내는 선분의 길이는 모두 같음을 알게 합니다.
– 평행선의 성질에 대해 알아보고 평행선 사이의 거리를 재어 보게 합니다.

● 지도 요점
평면에서 두 직선의 위치 관계로서 수직과 평행을 알게 합니다. 평면에서 두 직선이 만날 때 이루어지는 각이 직각인 경우에 수직과 수선을 정의하고 삼각자를 사용하여 수선을 그릴 수 있게 합니다.
한 직선에 대하여 수직인 두 직선은 아무리 늘여도 만나지 않는다는 것을 알고 평행과 평행선을 정의합니다. 삼각자를 사용하여 평행선을 그려 보게 하고, 평행선 사이의 거리를 알게 합니다.

◆ 수직과 수선(1) ◆

- 두 직선이 만나서 이루는 각이 직각일 때, 두 직선은 서로 **수직**이라고 합니다.
- 두 직선이 서로 수직일 때, 한 직선을 다른 직선에 대한 **수선**이라고 합니다.

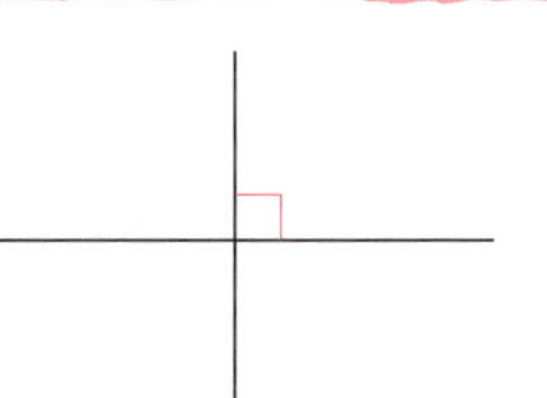

그림을 보고 ☐ 안에 알맞게 써넣으시오. [1~3]

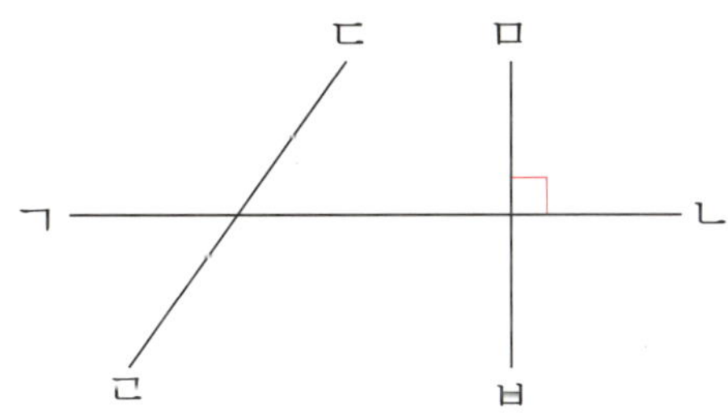

1 직선 ㄱㄴ에 수직인 직선은 직선 ☐ 입니다.

2 직선 ㄱㄴ에 대한 수선은 직선 ☐ 입니다.

3 직선 ㅁㅂ에 대한 수선은 직선 ☐ 입니다.

4 주어진 두 직선이 서로 수직인 것에 ◯표 하시오.

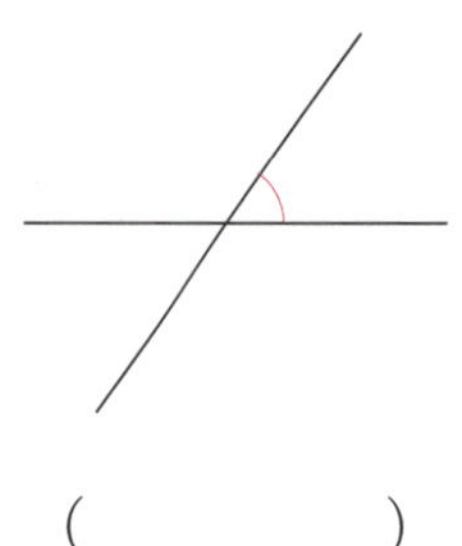
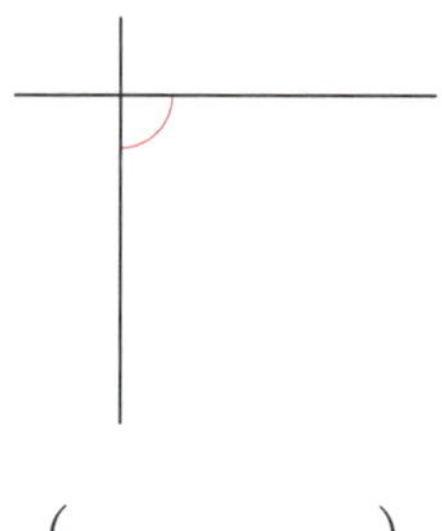
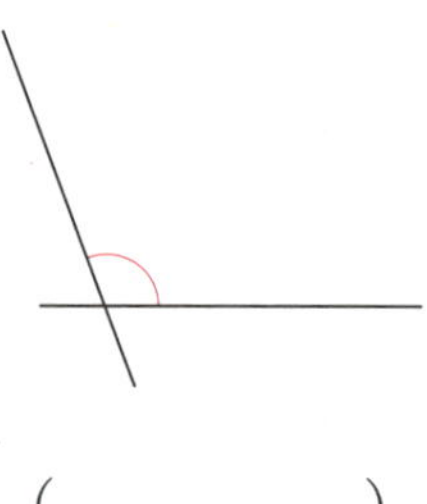

(　　　)　　　(　　　)　　　(　　　)

서로 수직인 직선을 찾아 쓰시오. [5~8]

5

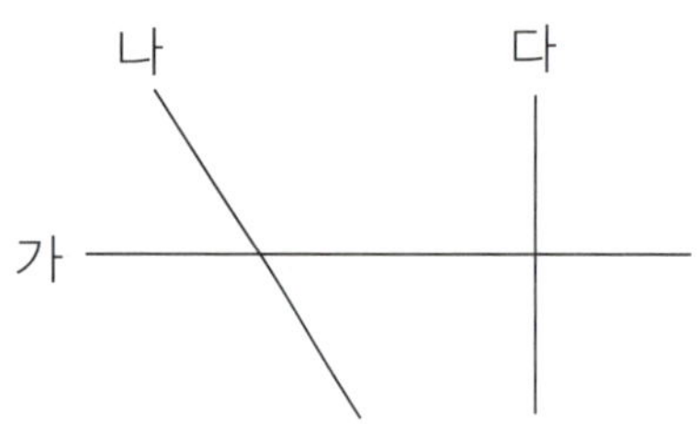

[답]

6

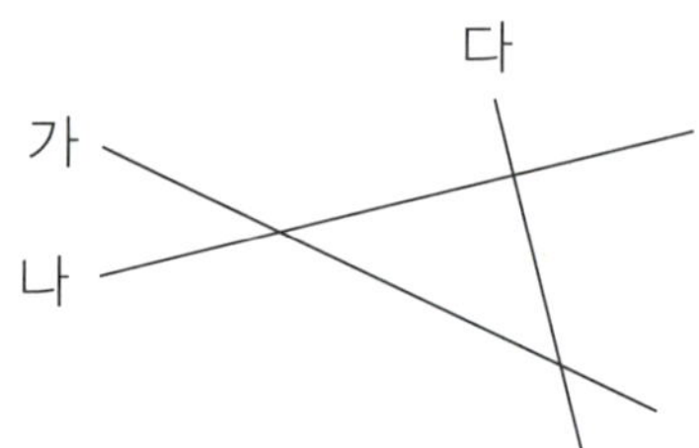

[답]

7

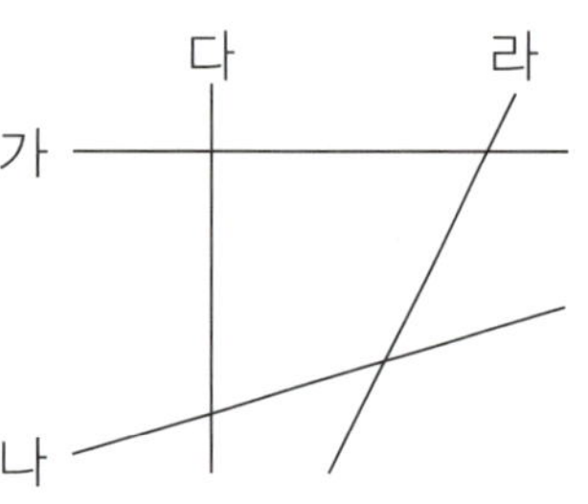

[답]

8

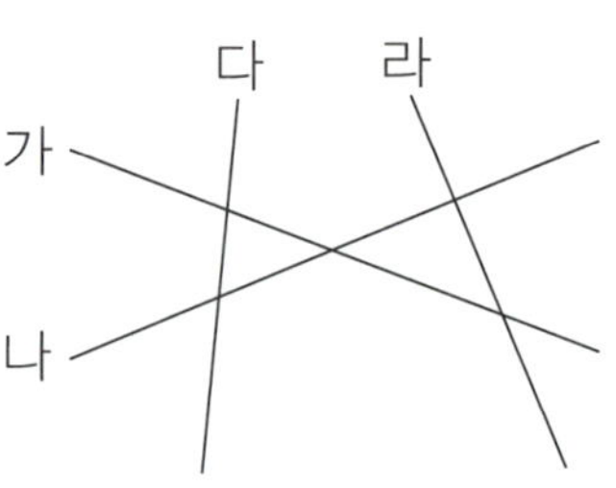

[답]

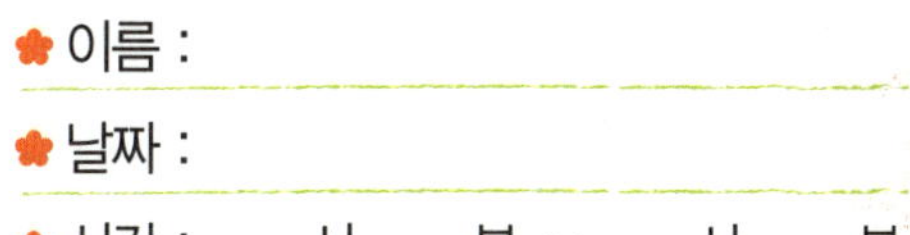

◆ 수직과 수선(2) ◆

🐸 서로 수직인 변이 있는 도형에 ◯표 하시오. [1~2]

1

(   )   (   )   (   )

2

(   )   (   )   (   )

🐸 삼각자에서 두 변이 서로 수직인 부분에 ◯표 하시오. [3~4]

3

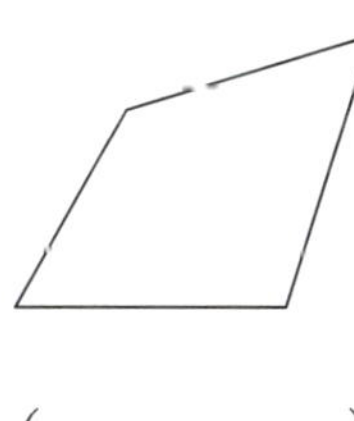

4

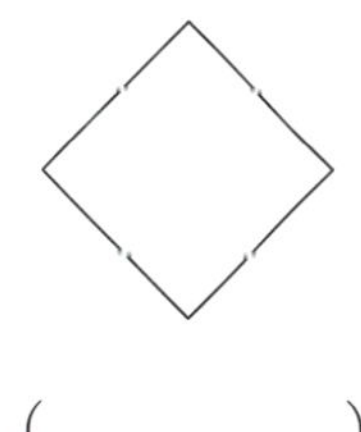

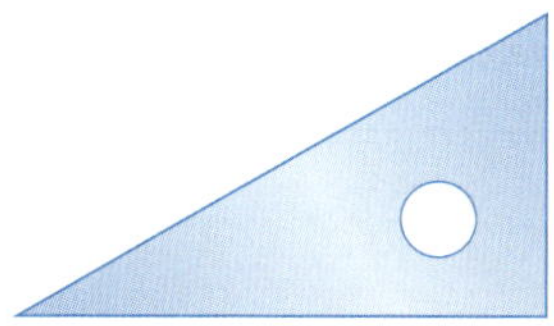

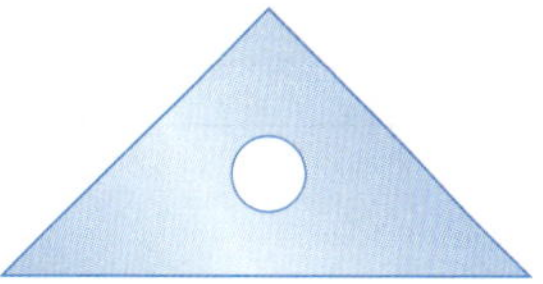
사고력 학습

5 도형에서 변 ㄴㄷ과 수직인 변을 찾아 쓰시오.

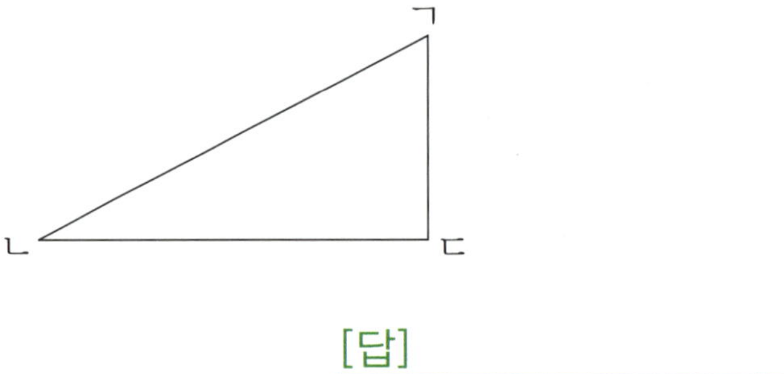

[답]

도형에서 서로 수직인 변을 찾아 쓰시오. [6~7]

6

[답]

7

[답]

도형에서 서로 수직은 변은 몇 쌍인지 구하시오. [8~9]

8

[답]

9

[답]

✿이름 :

✿날짜 :

✿시간 :　　시　　분 ~ 　시　　분

확인

◆ **수직과 수선(3)** ◆

1 두 직선이 만나서 이루는 각이 직각인 곳을 찾아서 표시하시오.

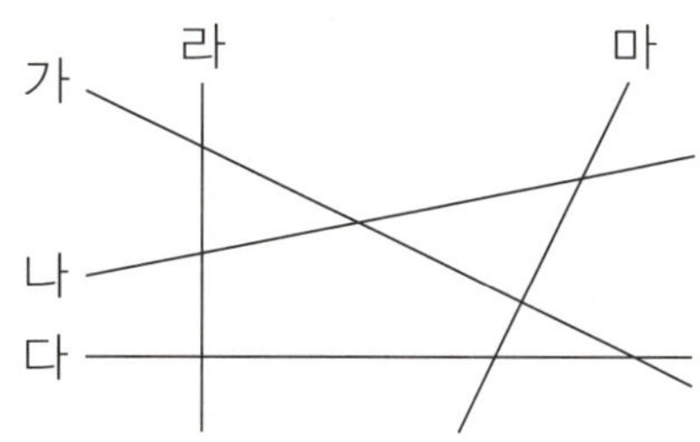

2 서로 수직인 직선은 모두 몇 쌍입니까?

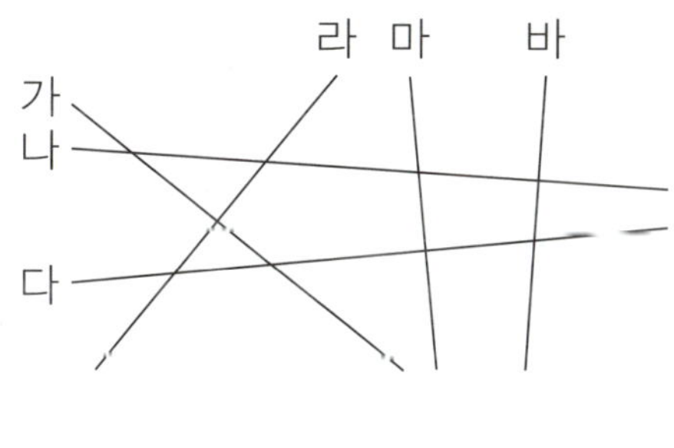

[답]

3 도형에서 선분 ㄴㄷ에 대한 수선을 찾아 쓰시오.

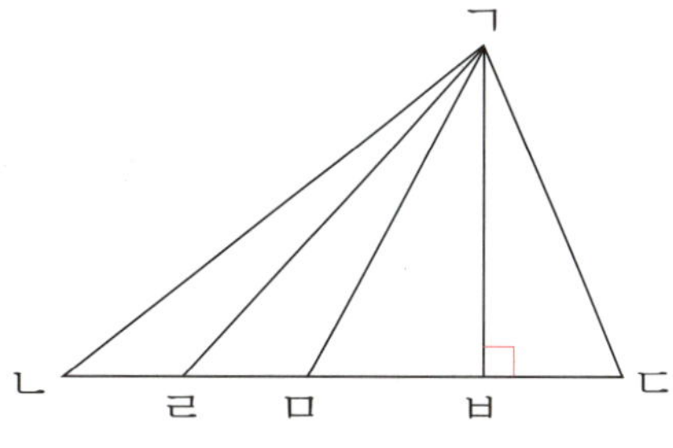

[답]

4 도형에서 주어진 변에 대한 수선을 찾아 쓰시오.

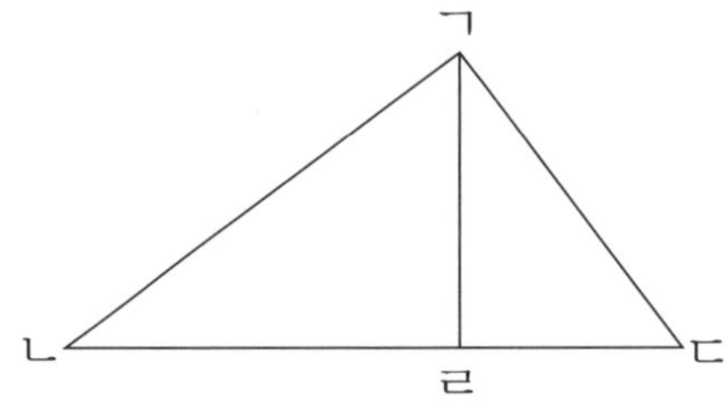

변 ㄴㄷ에 대한 수선 ________________________

변 ㄱㄷ에 대한 수선 ________________________

5 도형에서 직선 가에 대한 수선을 모두 찾아 쓰시오.

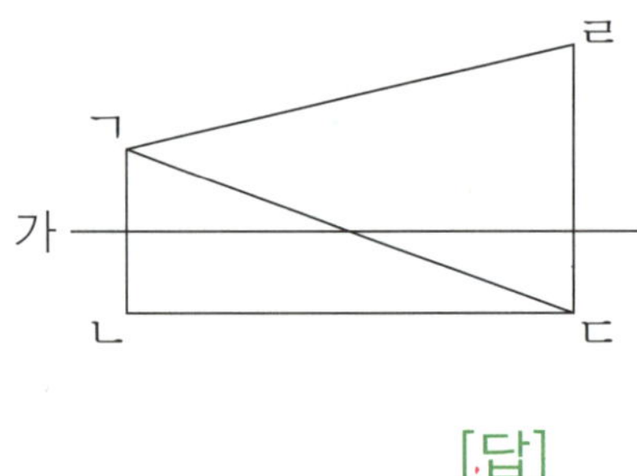

[답] ________________________

6 선분 ㄴㄷ에 대한 수선이 선분 ㄱㄴ일 때, 각 ㄱㄴㄹ의 크기를 구하시오.

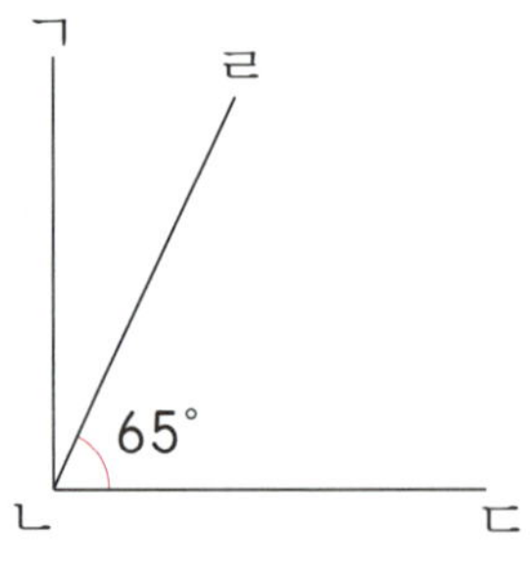

[답] ________________________

사고력 학습

✿ 이름 :

✿ 날짜 :

✿ 시간 :   시   분 ~   시   분

◆ 수선 긋기(1) ◆

1 모눈종이에 수선을 잘못 그린 것을 찾아 기호를 쓰시오.

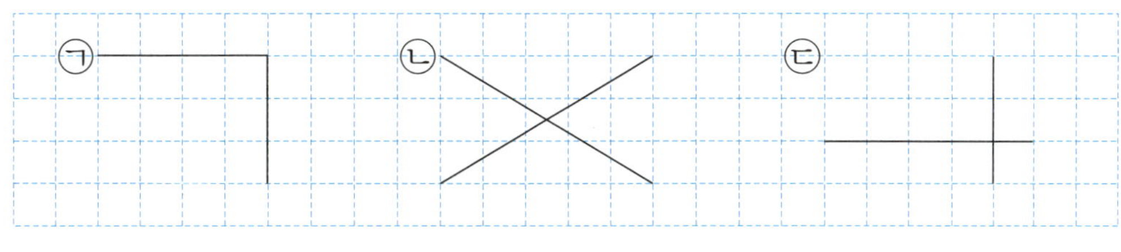

[답]

🐸 모눈종이에 그어진 선분에 수직인 직선을 그으시오. [2~3]

2
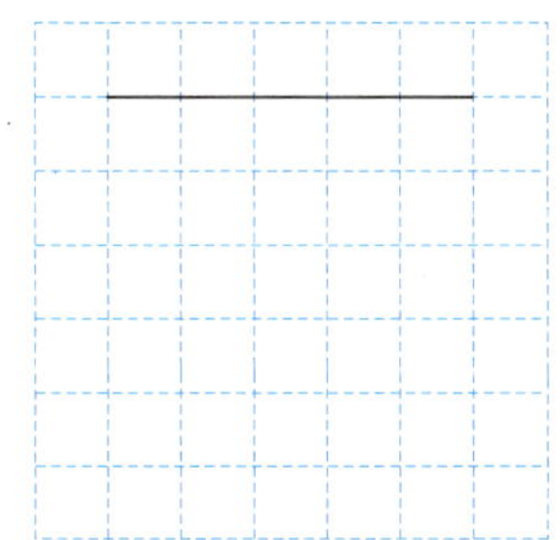

3

4 직각 삼각자를 사용하여 직선 가에 수직인 직선 나를 바르게 그은 것을 찾아 기호를 쓰시오.

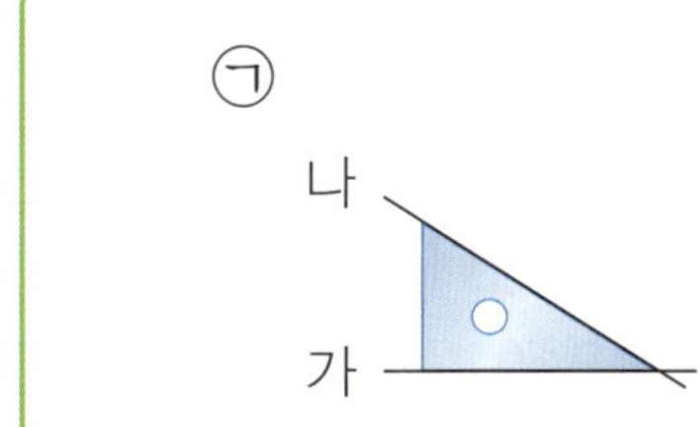

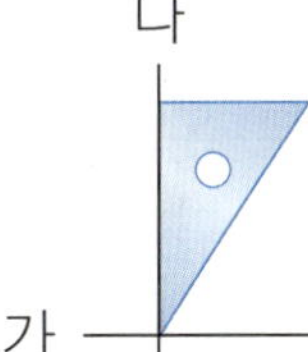

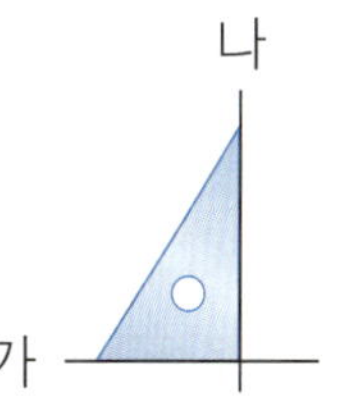

[답]

사고력 학습

5 각도기를 사용하여 선분 ㄱㄴ에 대한 수선을 그으려고 합니다. 점 ㄷ과 연결해야 할 점을 찾아 쓰시오.

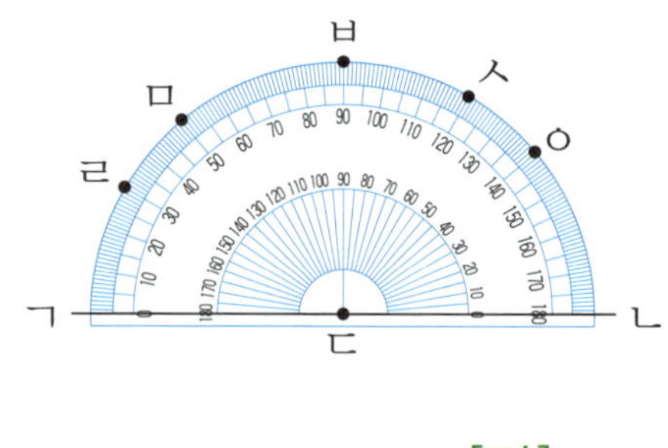

[답] ______________________

6 각도기를 사용하여 다음과 같은 수선을 그으려고 합니다. 수선을 긋는 순서대로 기호를 쓰시오.

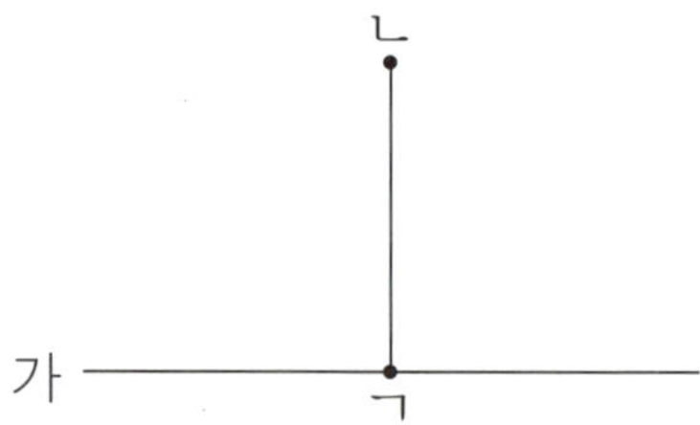

㉠ 직선 가 위에 점 ㄱ을 찍습니다.

㉡ 점 ㄱ과 점 ㄴ을 직선으로 잇습니다.

㉢ 각도기에서 90° 가 되는 눈금 위에 점 ㄴ을 찍습니다.

㉣ 각도기의 중심을 점 ㄱ에 맞추고 각도기의 밑금을 직선 가에 맞춥니다.

[답] ______________________

사고력 학습

✿ 이름 :

✿ 날짜 :

✿ 시간 :　　시　　분 ~ 　시　　분

확인

◆ **수선 긋기(2)** ◆

1 점 ㄱ에서 직선 가와 수직으로 만나는 직선을 그으려면 어느 점을 지나도록 그어야 합니까? (　　　　)

　　　① 　② 　③ 　④ 　⑤

가 ———————————————ㄱ

2 직선 ㄱㄴ에 수직인 직선을 몇 개 그을 수 있습니까? (　　　　)

ㄱ ———————————————ㄴ

① 1개　　　　　　② 2개　　　　　　③ 3개

④ 4개　　　　　　⑤ 무수히 많이 그을 수 있습니다.

3 점 ㄷ을 지나고 직선 ㄱㄴ에 수직인 직선을 몇 개 그을 수 있습니까? (　　　　)

ㄷ •

ㄱ ———————————————ㄴ

① 1개　　　　　　② 2개　　　　　　③ 3개

④ 4개　　　　　　⑤ 무수히 많이 그을 수 있습니다.

사고력 학습

직각 삼각자와 각도기를 사용하여 주어진 직선에 수선을 그으시오. [4~7]

4

5

6

7

점 ㄷ을 지나고 직선 ㄱㄴ에 수직인 직선을 그으시오. [8~9]

8　·ㄷ

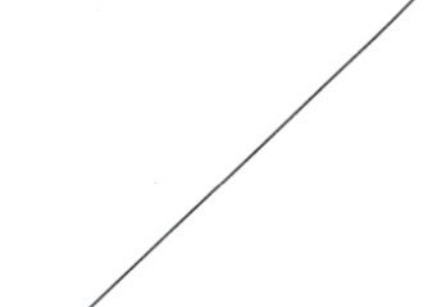

9　·ㄷ

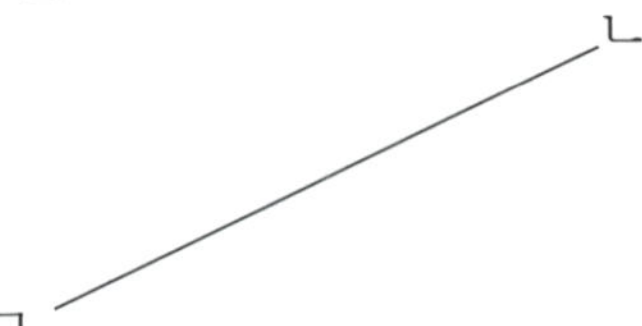

◆ **평행선(1)** ◆

- 한 직선에 수직인 두 직선을 그었을 때, 그 두 직선은 서로 만나지 않습니다. 이와 같이 서로 만나지 않는 두 직선을 평행하다고 합니다.
- 평행한 두 직선을 평행선이라고 합니다.

🐸 그림을 보고 물음에 답하시오. [1~3]

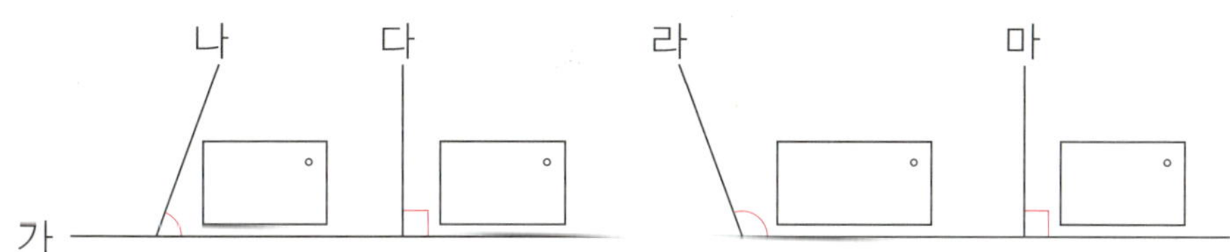

1 두 직선이 이루는 각의 크기를 재어 ☐ 안에 알맞은 수를 써넣으시오.

2 직선 가와 수직인 직선을 모두 찾아 쓰시오.

[답]

3 평행한 두 직선을 찾아 쓰시오.

[답]

4 두 직선이 서로 평행한 것에 ◯표 하시오.

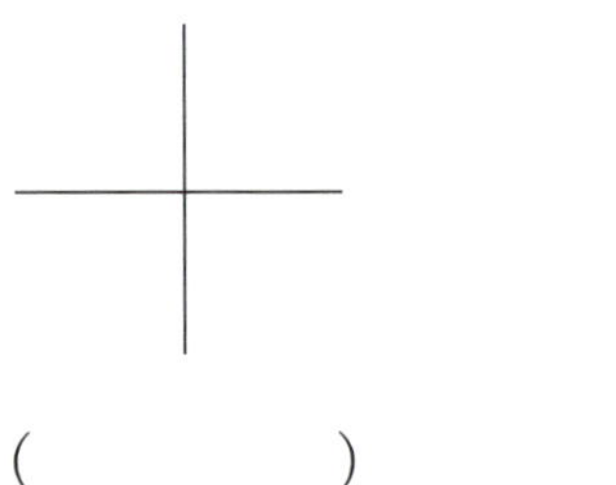

(   )   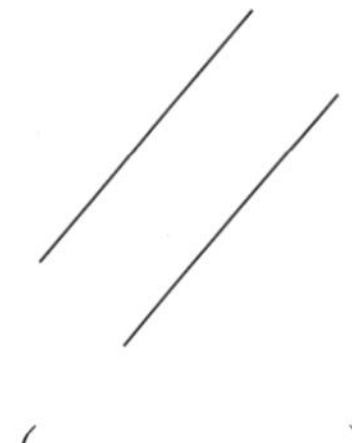 (   )   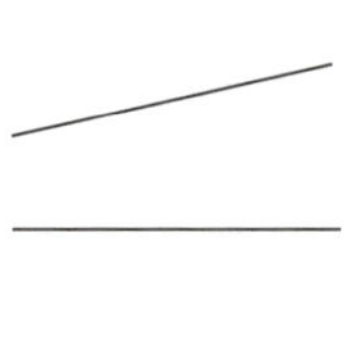 (   )

서로 평행한 직선을 찾아 쓰시오. [5~8]

5

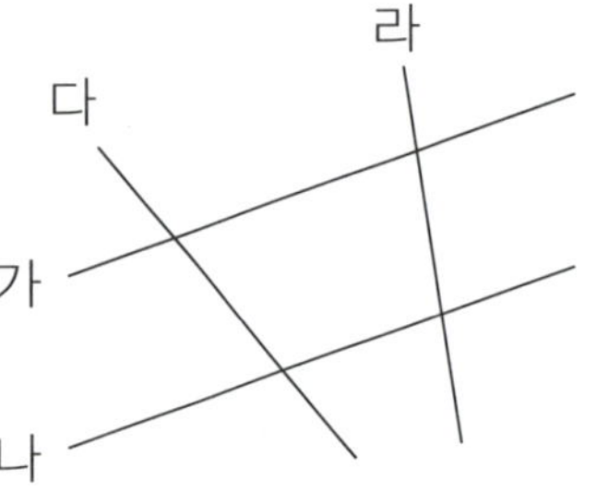

[답] ________________________

6

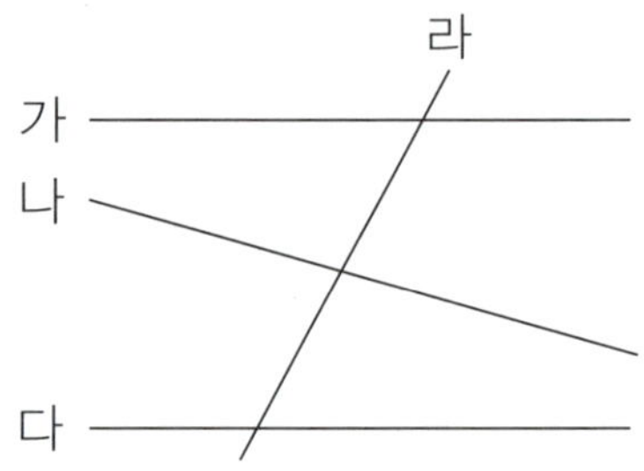

[답] ________________________

7

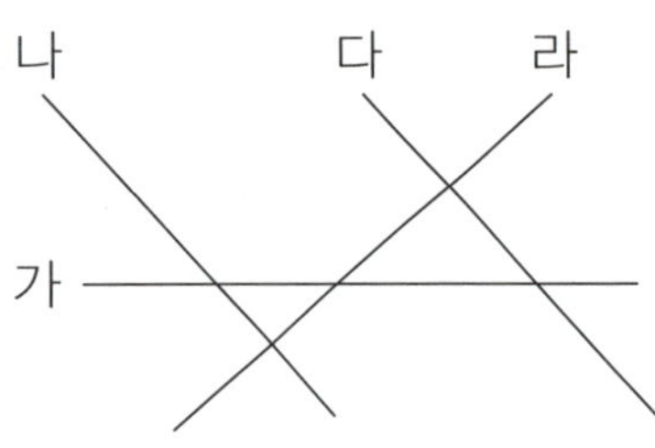

[답] ________________________

8

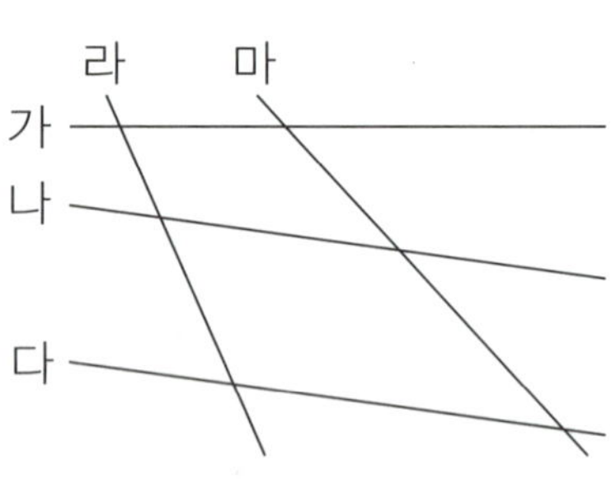

[답] ________________________

사고력 학습

★ 이름 :

★ 날짜 :

★ 시간 :　시　분 ~ 시　분

◆ **평행선(2)** ◆

🐸 서로 평행한 변이 있는 도형에 ○표 하시오. [1~2]

1

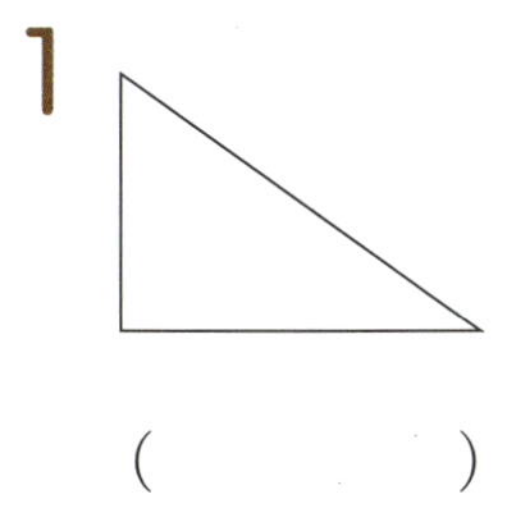　　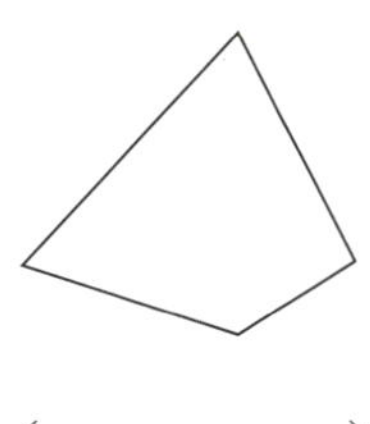　　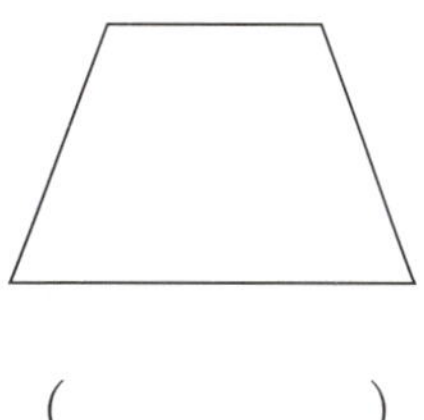

(　　　　)　　　　(　　　　)　　　　(　　　　)

2

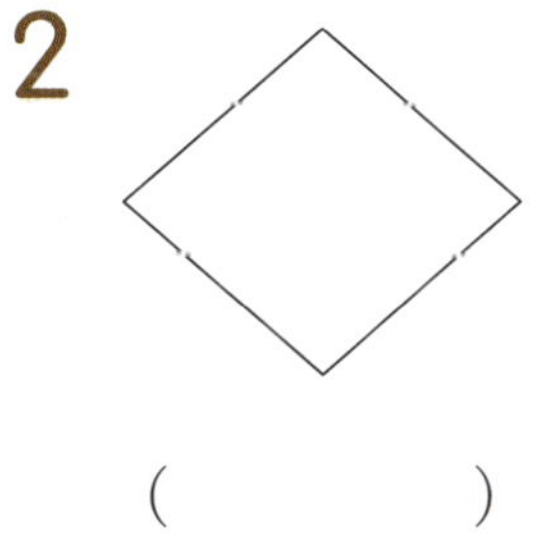　　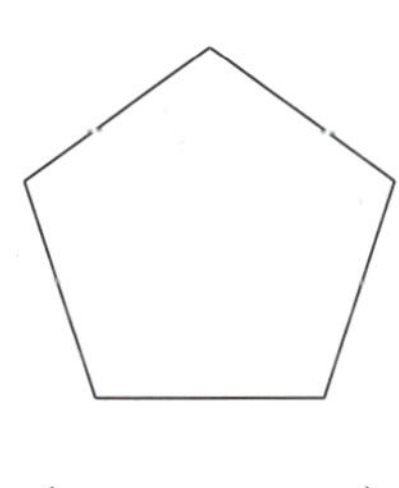　　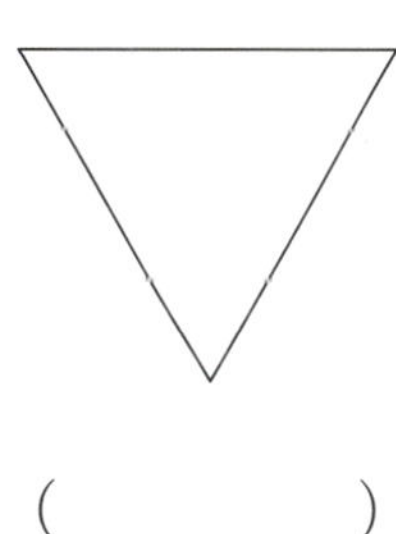

(　　　　)　　　　(　　　　)　　　　(　　　　)

3 그림과 같이 그은 두 직선이 서로 평행한 것을 찾아 기호를 쓰시오.

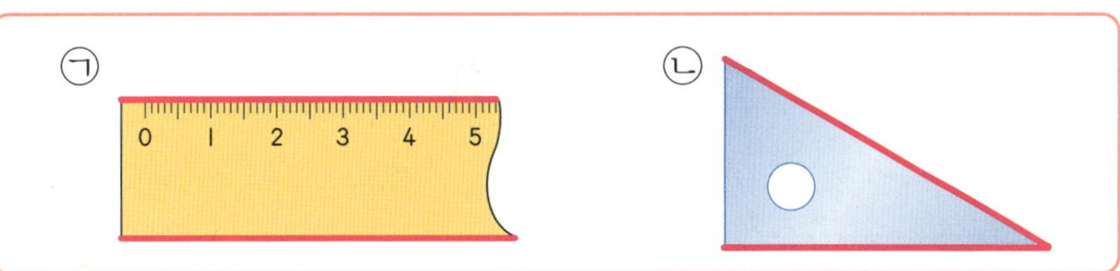

[답]

4 도형에서 변 ㄱㄹ과 평행한 변을 찾아 쓰시오.

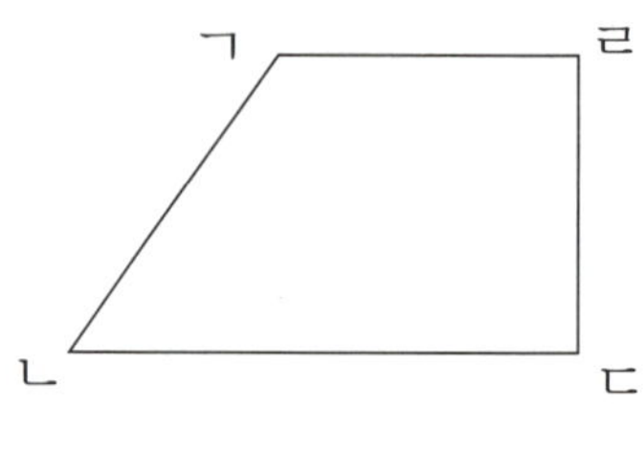

[답]

도형에서 서로 평행한 변을 찾아 쓰시오. [5~6]

5

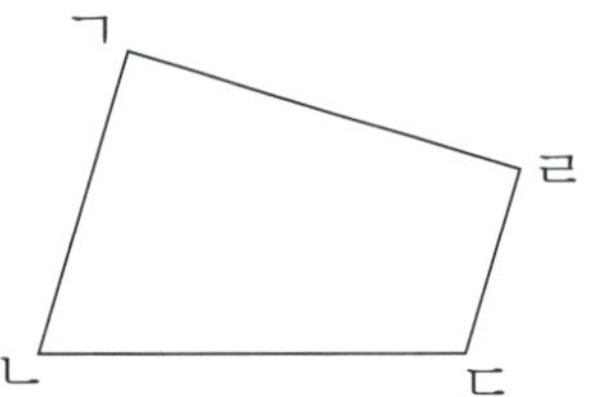

[답]

6

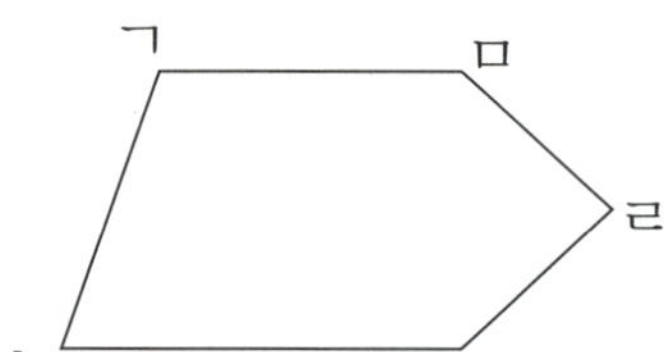

[답]

도형에서 서로 평행한 변은 몇 쌍인지 구하시오. [7~8]

7

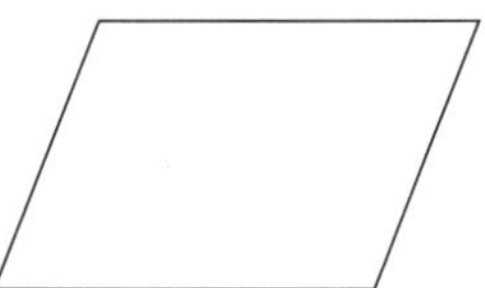

[답]

8

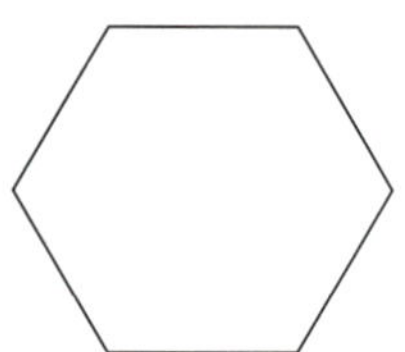

[답]

사고력 학습

◆ 평행선 긋기(1) ◆

🐸 모눈종이에 그어진 선분과 평행한 직선을 그으시오. [1~2]

1

2

🐸 직각 삼각자를 사용하여 평행선을 바르게 그은 것에 ○표 하시오. [3~4]

3 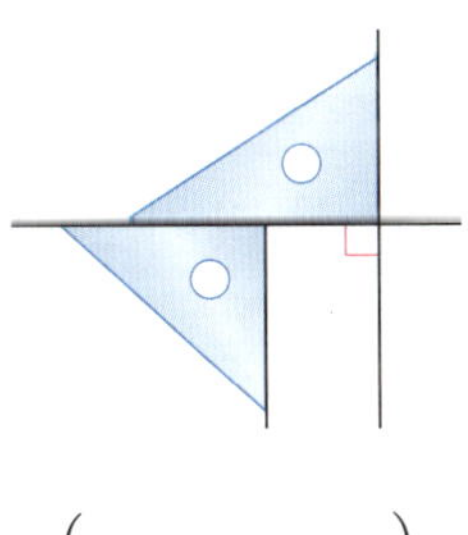 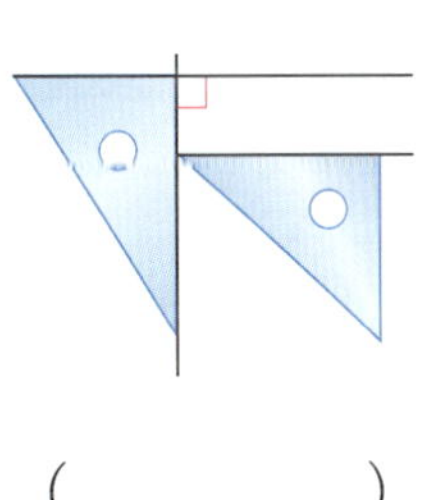

(   )   (   )   (   )

4 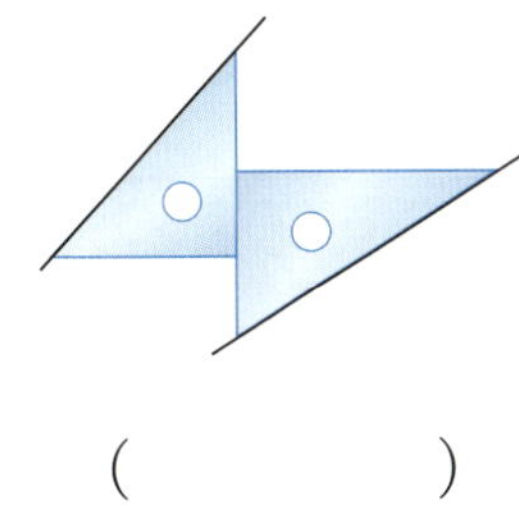 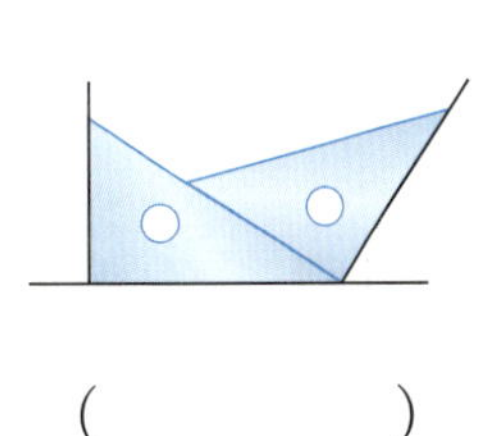

(   )   (   )   (   )

5 직각 삼각자를 사용하여 직선 ㄱㄴ에 평행한 직선을 그으려면 어느 직선을 그어야 합니까? (   )

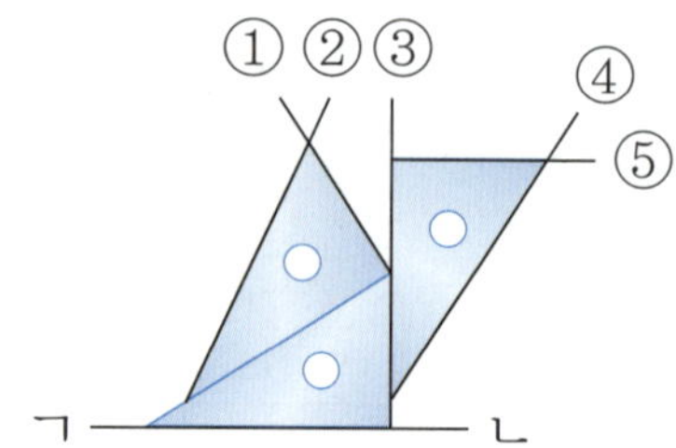

6 직선 ㄱㄴ에 평행한 직선을 몇 개 그을 수 있습니까? (   )

ㄱ————————ㄴ

① l개   ② 2개   ③ 3개
④ 4개   ⑤ 무수히 많이 그을 수 있습니다.

7 점 ㄷ을 지나고 직선 ㄱㄴ에 평행한 직선을 몇 개 그을 수 있습니까? (   )

ㄷ·

ㄱ————————ㄴ

① l개   ② 2개   ③ 3개
④ 4개   ⑤ 무수히 많이 그을 수 있습니다.

◆ 평행선 긋기(2) ◆

직각 삼각자를 사용하여 주어진 직선에 평행한 직선을 그으시오. [1~4]

1

2

3

4

직각 삼각자를 사용하여 점 ㄷ을 지나고 직선 ㄱㄴ에 평행한 직선을 그으시오. [5~6]

5

6

7 도형에서 점 ㄱ을 지나고 변 ㄴㄷ과 평행한 직선을 그으시오.

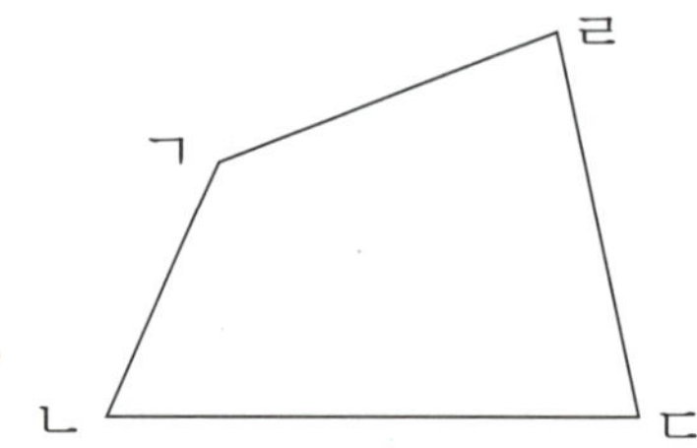

8 주어진 두 선분을 사용하여 마주 보는 한 쌍의 변이 평행한 사각형을 그려 보시오.

9 주어진 두 선분을 사용하여 마주 보는 두 쌍의 변이 평행한 사각형을 그려 보시오.

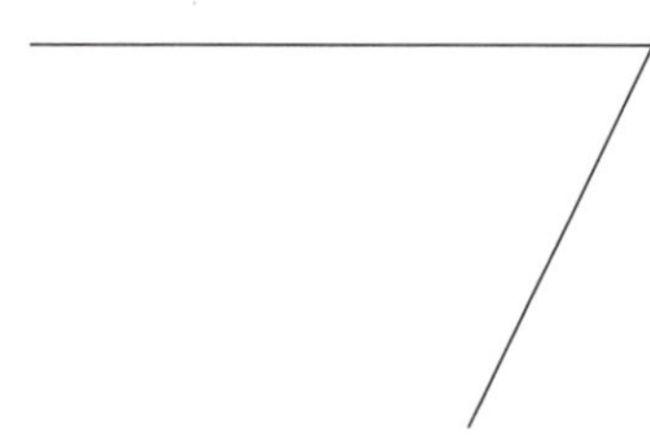

◆ 평행선 사이의 거리(1) ◆

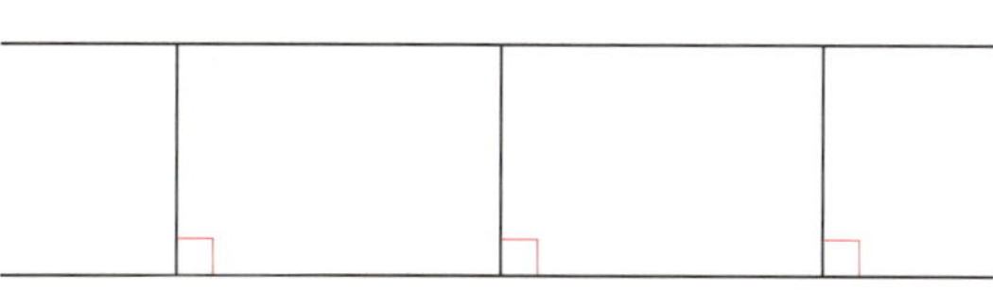

평행선 사이의 수선의 길이를 평행선 사이의 거리라고 합니다.

직선 가와 직선 나가 서로 평행할 때, 평행선 사이의 거리를 나타내는 선분을 찾아 쓰시오. [1~4]

1

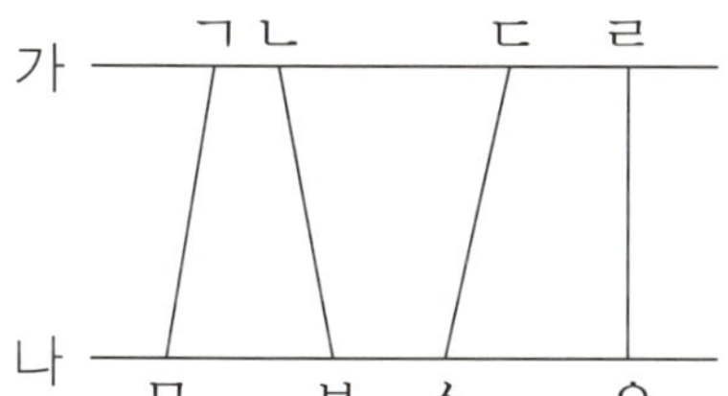

[답]

2

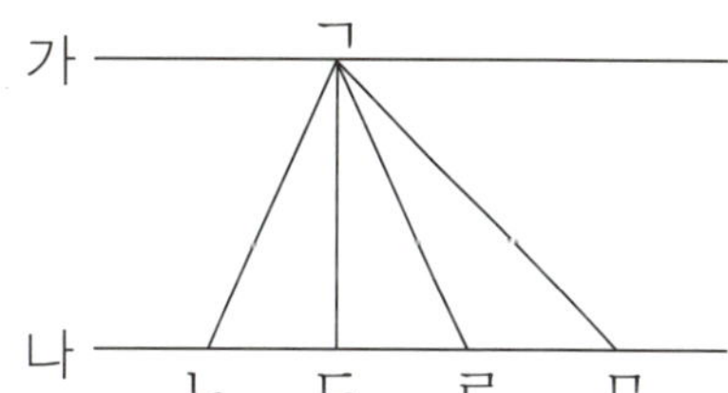

[답]

3

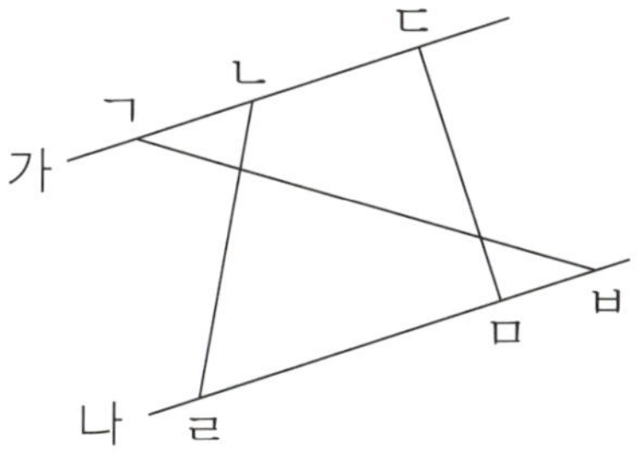

[답]

4

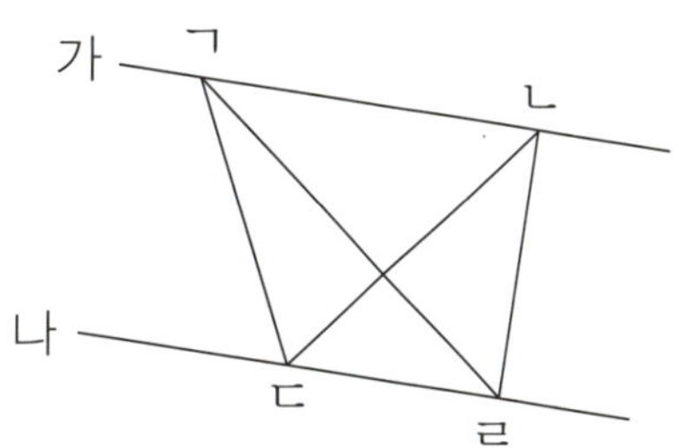

[답]

5 직선 가와 직선 나는 서로 평행합니다. 평행선 사이의 거리는 몇 cm입니까?

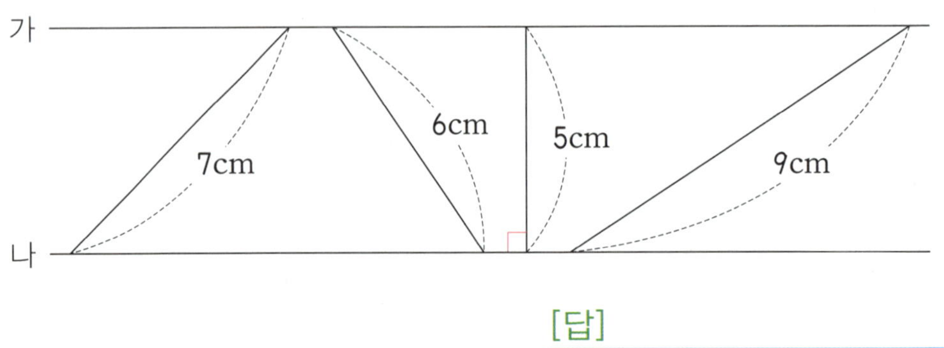

[답]

도형에서 평행선 사이의 거리를 나타내는 선분을 찾아 쓰시오. [6~9]

6

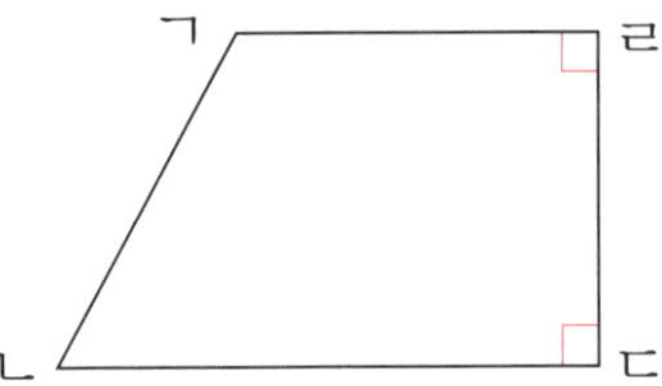

[답]

7

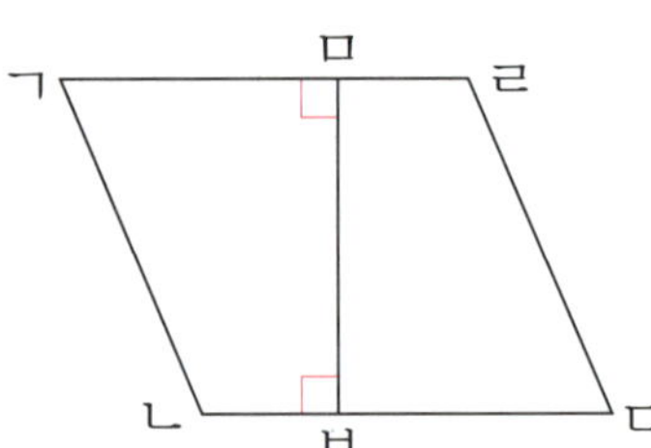

[답]

8

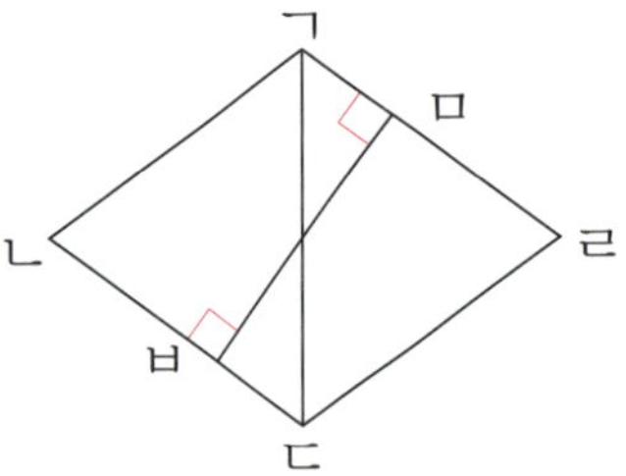

[답]

9

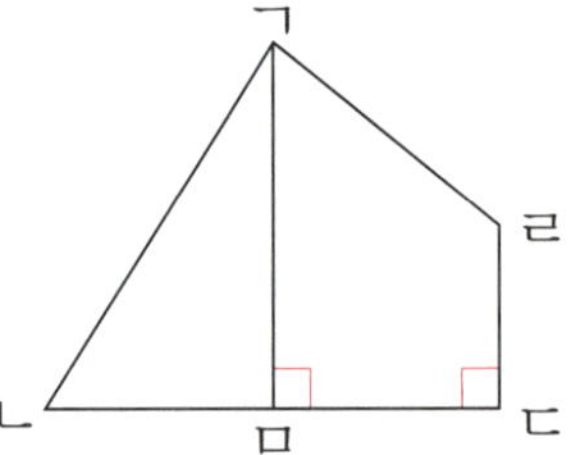

[답]

✿ 이름 :

✿ 날짜 :

✿ 시간 :　시　분 ~ 　시　분

확인

◆ **평행선 사이의 거리(2)** ◆

1 자를 사용하여 평행선 사이의 거리를 바르게 잰 것을 찾아 기호를 쓰시오.

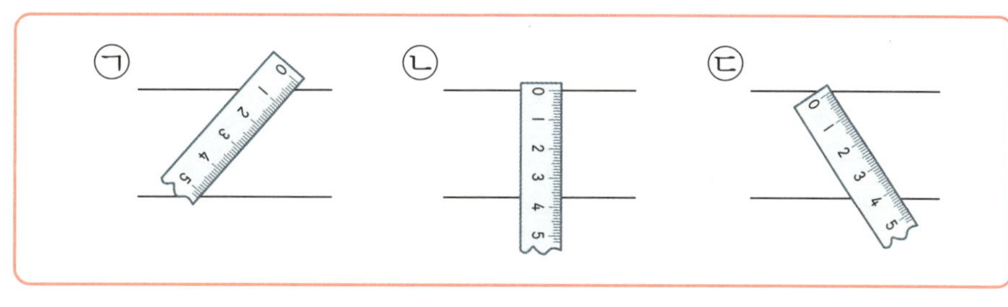

[답]

평행선 사이의 거리를 재어 보시오. [2~5]

2

[답]

3

[답]

4

[답]

5

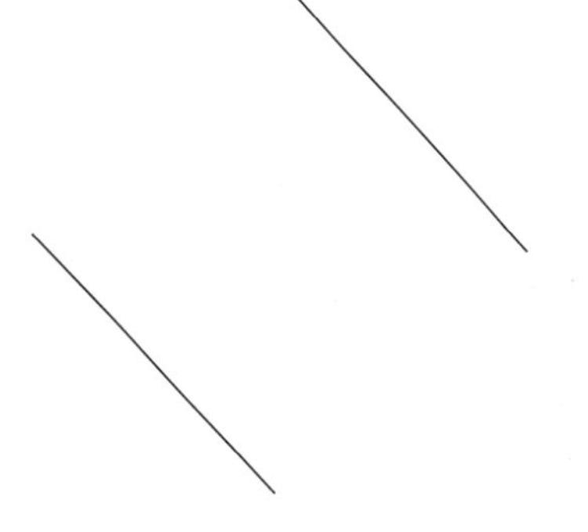

[답]

사고력 학습

평행선 사이의 거리가 2cm가 되도록 주어진 직선의 평행선을 그으시오. [6~7]

6

7

평행선 사이의 거리가 3cm가 되도록 주어진 직선의 평행선을 그으시오. [8~9]

8

9

10 다음 평행선과 동시에 거리가 1cm가 되는 평행선을 그으시오.

이름 :

날짜 :

시간 :　　시　　분～　　시　　분

◆ 평행선 사이의 거리(3) ◆

1 평행한 선분 사이의 거리는 몇 cm입니까?

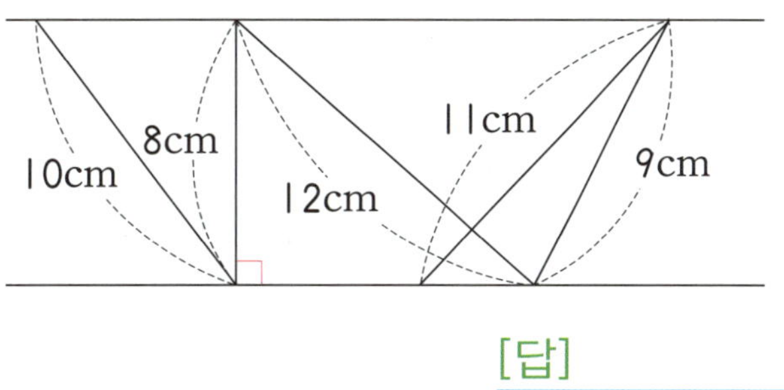

[답]

2 도형에서 평행한 두 변 사이의 거리는 몇 cm입니까?

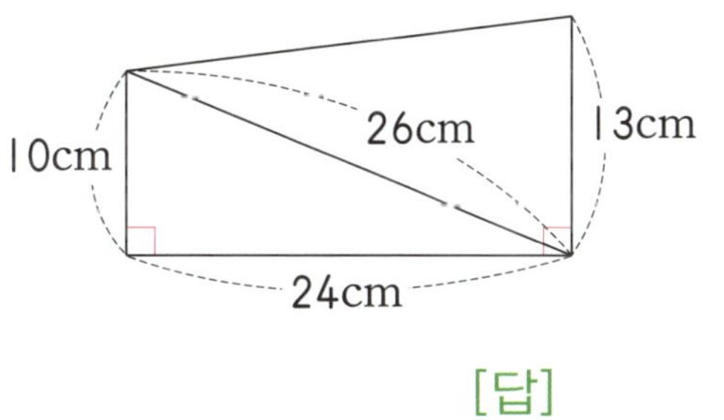

[답]

3 변 ㄱㅂ과 변 ㄹㅁ은 서로 평행합니다. 변 ㄱㅂ과 변 ㄹㅁ 사이의 거리는 몇 cm입니까?

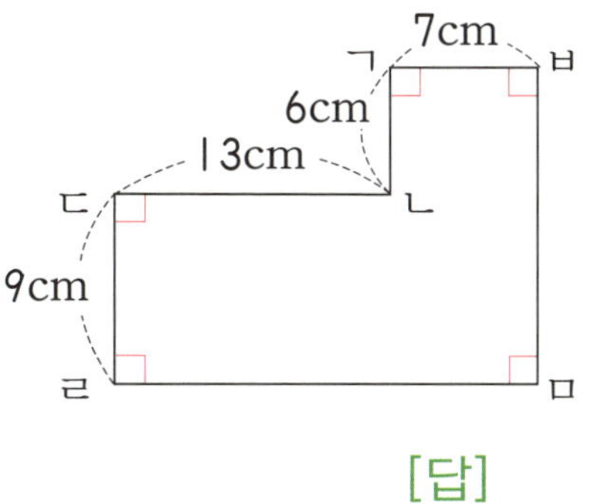

[답]

4 도형에서 평행한 두 변 사이의 거리는 몇 cm입니까?

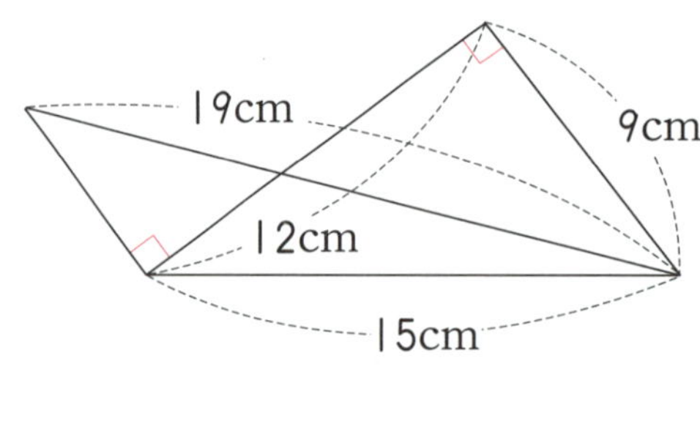

[답] ____

😊 다음 설명 중 옳은 것은 ○표, 틀린 것은 ×표 하시오. [5~8]

5 평행선 사이의 거리는 위치에 따라 길이가 다릅니다.

(   )

6 평행선 사이의 거리는 평행선 사이를 이은 선분 중 가장 긴 선분입니다.

(   )

7 한 직선에 평행한 직선은 오직 한 개입니다.

(   )

8 평행선 사이에 그을 수 있는 수직인 선분은 무수히 많습니다.

(   )

이름 :

날짜 :

시간 : 시 분 ~ 시 분

🌐 창의력 학습

 와 같이 직진으로 가다가 거울과 맞닿으면 거울이 비추는 방향으로 수직 이동하게 되는 미로가 있습니다. 이 미로를 따라가면 원돌이가 먹고 싶은 과일이 있는 곳으로 가게 됩니다. 원돌이가 먹고 싶은 과일을 찾아 미로를 따라가 보시오.

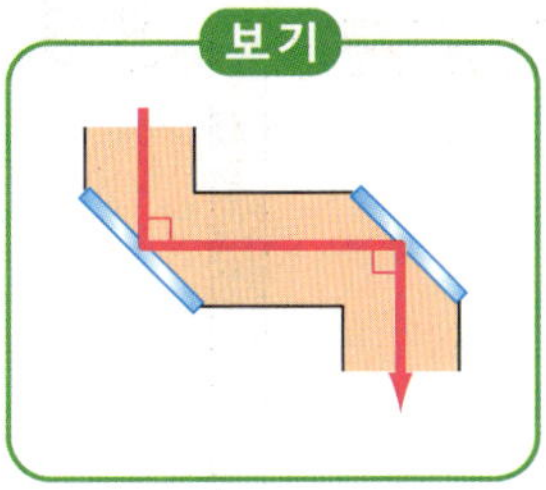

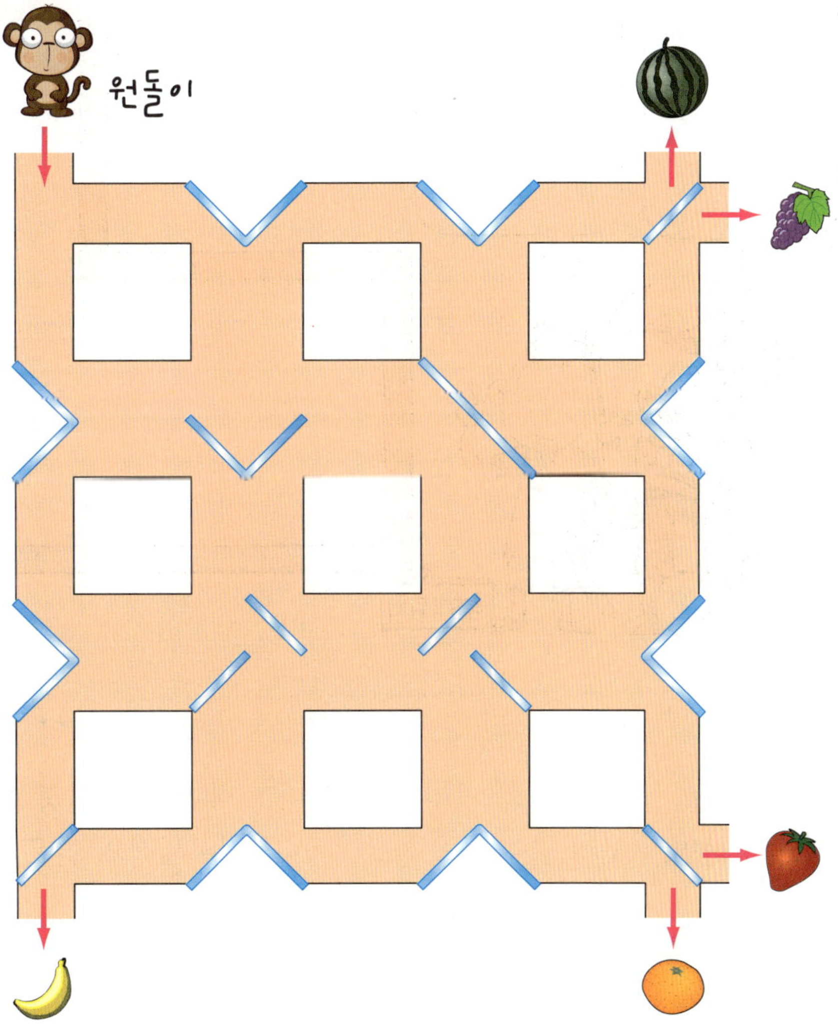

보물이 있는 곳까지 가는 방법은 다음 그림과 같이 노란색 길과 파란색 길의 **2**가지가 있습니다.

서로 자신이 선택한 길의 거리가 더 짧다고 얘기하는 선장 해적과 부하 해적의 대화에서 과연 누구의 말이 옳을까요? 아니면 두 해적의 말은 모두 틀린 걸까요?

[답]

★ 이름 :

★ 날짜 :

★ 시간 :　　시　　분 ~ 　　시　　분

확인

 경시대회 예상문제

1 점 ㉠에서 도형에 수선을 몇 개 그을 수 있습니까?

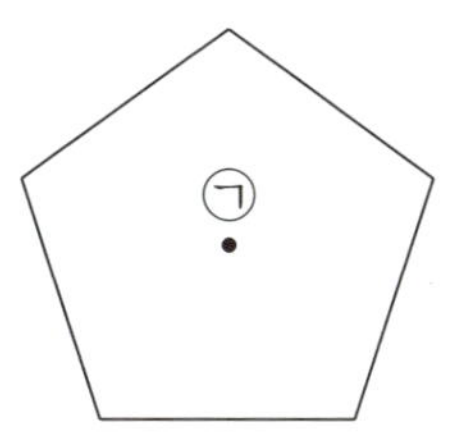

[답]

2 도형에서 변 ㄱㅇ과 평행한 변은 몇 개입니까?

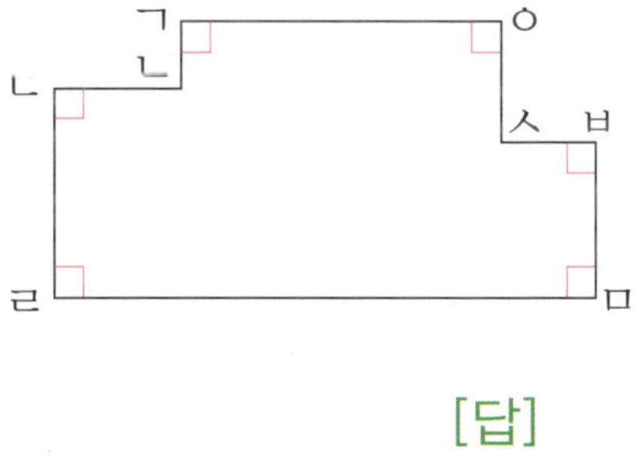

[답]

3 선분 ㄱㄴ을 한 변으로 하는 정사각형을 그리시오.

ㄱ —————— ㄴ

서술형·논술형

4 직선 ㄱㅇ과 직선 ㄷㅇ, 직선 ㄴㅇ과 직선 ㄹㅇ은 서로 수직입니다. 각 ㄱㅇㄹ 의 크기는 몇 도인지 풀이 과정을 쓰고 답을 구하시오.

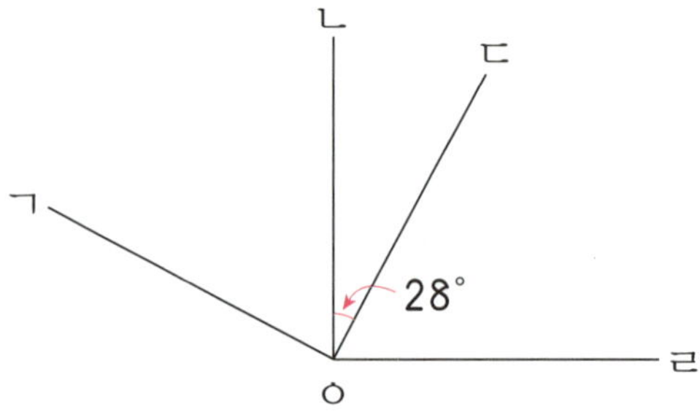

[답]

5 직선 가와 직선 나는 서로 평행합니다. ㉠과 ㉡의 합을 구하시오.

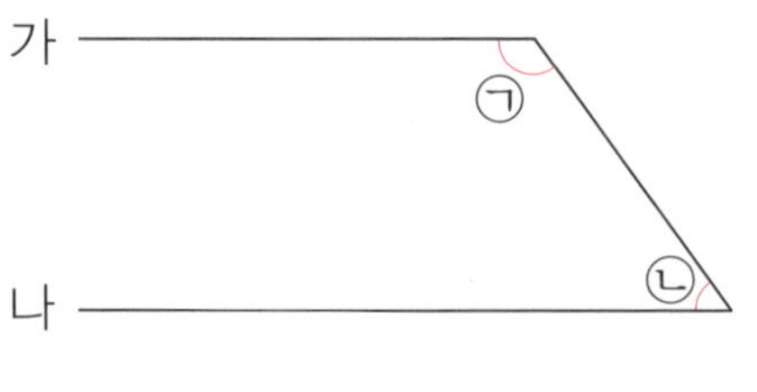

[답]

6 직선 가, 나, 다는 서로 평행합니다. 직선 가와 직선 다 사이의 거리는 몇 cm 입니까?

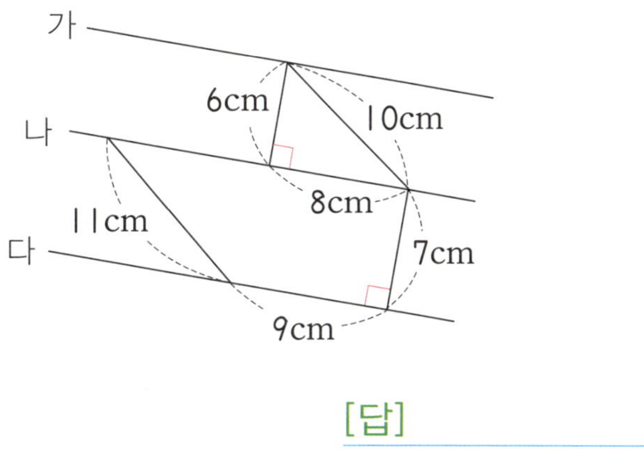

[답]

7 도형에서 변 ㄱㅇ과 변 ㄴㄴ은 서로 평행합니다. 변 ㄱㅇ과 변 ㄴㄷ 사이의 거리는 몇 cm입니까?

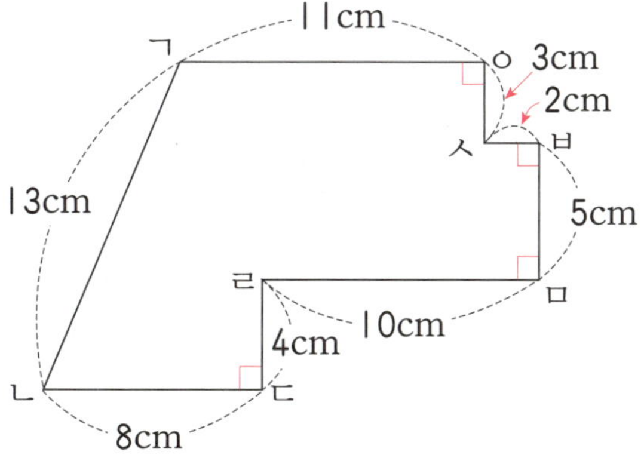

[답]

8 직선 가와 직선 나는 서로 평행하고, 직선 다는 직선 가와 직선 나의 수선입니다. ㉠의 크기를 구하시오.

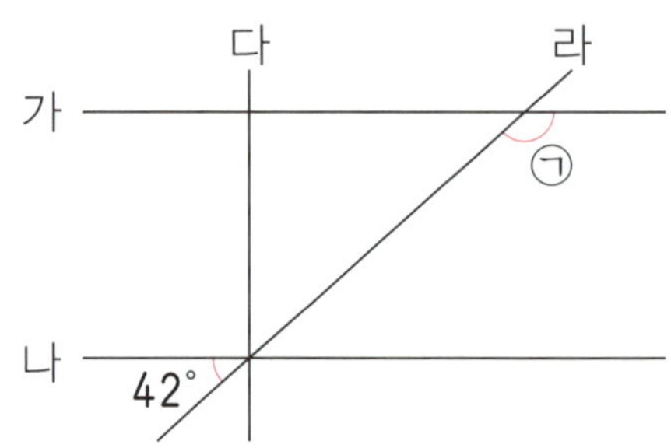

[답]

9 직선 ㄱㄴ과 직선 ㄷㄹ은 서로 평행합니다. 각 ㅁㅂㅅ의 크기는 몇 도인지 풀이 과정을 쓰고 답을 구하시오.

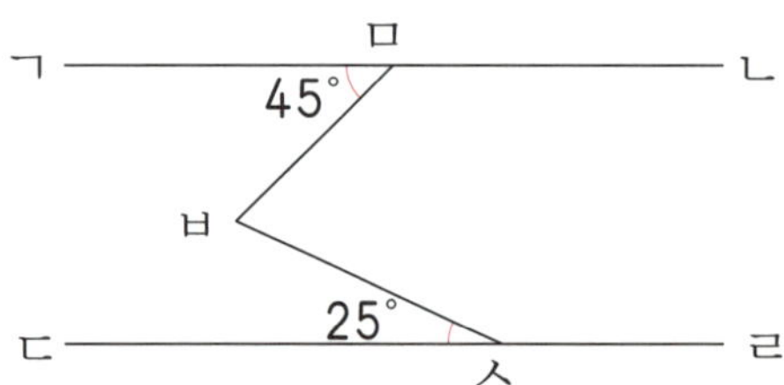

[답]

H4

..🐜 H226a ~ H240b

학습 관리표

학습 내용		이번 주는?

확인 학습	• 분수의 덧셈과 뺄셈
	• 소수의 덧셈과 뺄셈
	• 수직과 평행
	• 창의력 학습
	• 경시대회 예상문제
	• 성취도 테스트
		• 학습 방법 : ① 매일매일 ② 가끔 ③ 한꺼번에
		  하였습니다.
		• 학습 태도 : ① 스스로 잘 ② 시켜서 억지로
		  하였습니다.
		• 학습 흥미 : ① 재미있게 ② 싫증내며
		  하였습니다.
		• 교재 내용 : ① 적합하다고 ② 어렵다고 ③ 쉽다고
		  하였습니다.

지도 교사가 부모님께		**부모님이 지도 교사께**
평가	Ⓐ 아주 잘함　　　　Ⓑ 잘함　　　　Ⓒ 보통　　　　Ⓓ 부족함	

원(교)　　　　반　　이름　　　　　전화

● **학습 목표**

‒ 분수의 덧셈과 뺄셈을 할 수 있습니다.
‒ 소수의 덧셈과 뺄셈을 할 수 있습니다.
‒ 수직과 수선을 이해하고 수선을 그을 수 있습니다.
‒ 평행과 평행선을 이해하고 평행선 사이의 거리를 잴 수 있습니다.

● **지도 내용**

‒ 분모가 같은 분수의 덧셈과 뺄셈을 하게 합니다.
‒ 소수 한(두) 자리 수, 자연수가 있는 소수의 덧셈과 뺄셈을 하게 합니다.
‒ 수직과 수선에 대해 알아보고 삼각자와 각도기를 사용하여 수선을 긋게 합니다.
‒ 평행과 평행선에 대해 알아보고 평행선 사이의 거리를 재어 보게 합니다.

● **지도 요점**

앞에서 학습한 분수의 덧셈과 뺄셈, 소수의 덧셈과 뺄셈, 수직과 평행을 확인 학습하는 주입니다.
여러 유형의 문제를 접해 보게 함으로써 학습한 지식을 잘 응용할 수 있도록 지도해 주십시오. 그리고 성취도 테스트를 이용해서 주어진 시간 내에 모든 문제를 푸는 연습을 하도록 해 주십시오.

◆ 분수의 덧셈과 뺄셈 ◆

다음을 계산하시오. [1~10]

1　$\dfrac{1}{3} + \dfrac{1}{3}$

2　$\dfrac{2}{7} + \dfrac{4}{7}$

3　$\dfrac{4}{5} + \dfrac{3}{5}$

4　$\dfrac{7}{10} + \dfrac{7}{10}$

5　$1\dfrac{2}{4} + 1\dfrac{1}{4}$

6　$1\dfrac{2}{6} + 2\dfrac{3}{6}$

7　$1\dfrac{9}{11} + 1\dfrac{4}{11}$

8　$3\dfrac{7}{8} + 4\dfrac{5}{8}$

9　$3\dfrac{2}{7} + \dfrac{3}{7}$

10　$\dfrac{11}{12} + 2\dfrac{5}{12}$

다음을 계산하시오. [11~20]

11 $\dfrac{3}{4} - \dfrac{1}{4}$

12 $\dfrac{5}{7} - \dfrac{2}{7}$

13 $1 - \dfrac{4}{9}$

14 $3 - \dfrac{3}{10}$

15 $2\dfrac{5}{6} - 1\dfrac{4}{6}$

16 $4\dfrac{8}{11} - 3\dfrac{2}{11}$

17 $2\dfrac{1}{3} - 1\dfrac{2}{3}$

18 $4\dfrac{7}{10} - 2\dfrac{9}{10}$

19 $3\dfrac{6}{8} - \dfrac{3}{8}$

20 $5\dfrac{2}{9} - \dfrac{8}{9}$

확인 학습

21 빈 곳에 두 수의 차를 써넣으시오.

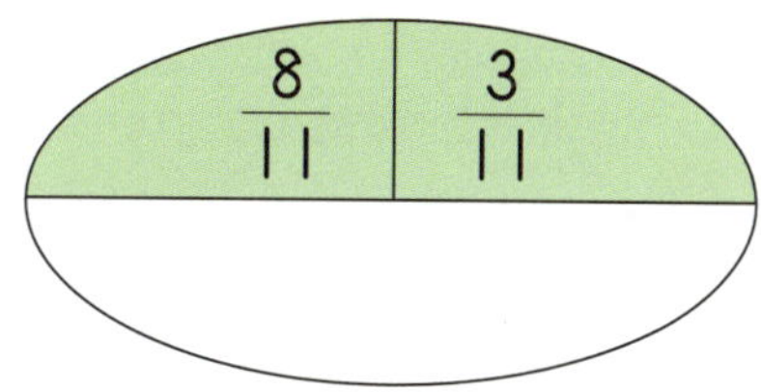

22 빈칸에 알맞은 수를 써넣으시오.

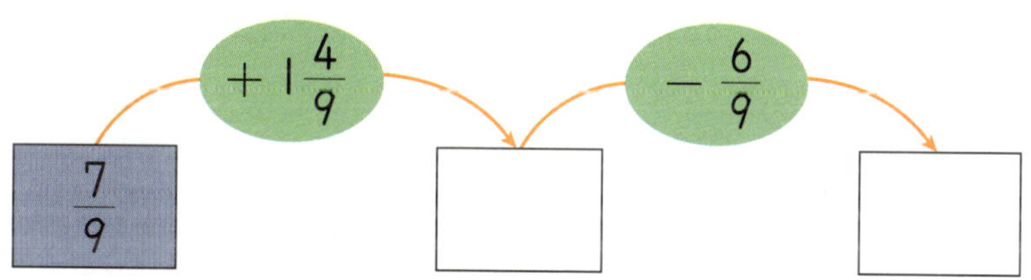

23 빈칸에 알맞은 수를 써넣으시오.

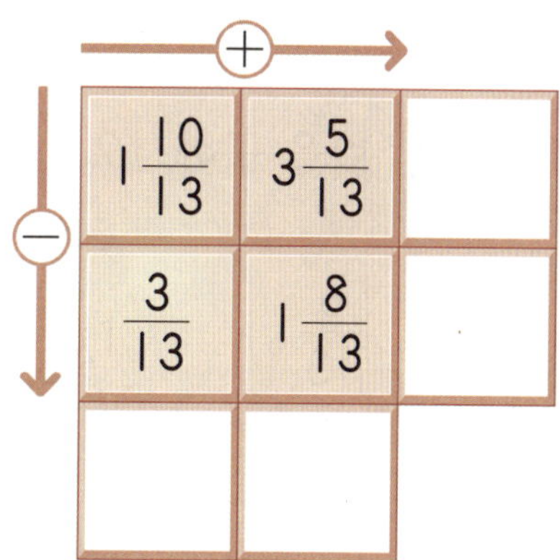

24 관계있는 것끼리 선으로 이으시오.

$\dfrac{4}{7} + \dfrac{5}{7}$ ·

$1\dfrac{5}{7} + \dfrac{3}{7}$ ·

· $3\dfrac{3}{7} - 1\dfrac{4}{7}$

· $6 - 3\dfrac{6}{7}$

· $5\dfrac{1}{7} - 3\dfrac{6}{7}$

25 계산 결과를 비교하여 ○ 안에 >, =, <를 알맞게 써넣으시오.

$$5\dfrac{7}{12} - 3\dfrac{10}{12} \;\bigcirc\; \dfrac{8}{12} + \dfrac{11}{12}$$

26 가장 큰 수와 가장 작은 수의 합을 구하시오.

$$\dfrac{8}{13} \qquad \dfrac{6}{13} \qquad 1\dfrac{4}{13} \qquad 2\dfrac{1}{13}$$

[답]

확인 학습

27 ㉠과 ㉡의 차를 구하시오.

> ㉠ $\dfrac{8}{11}$ 보다 $\dfrac{4}{11}$ 큰 수 　　　㉡ 3보다 $1\dfrac{2}{11}$ 작은 수

[답] ________________

28 ㉠과 ㉡이 나타내는 두 분수의 차를 구하시오.

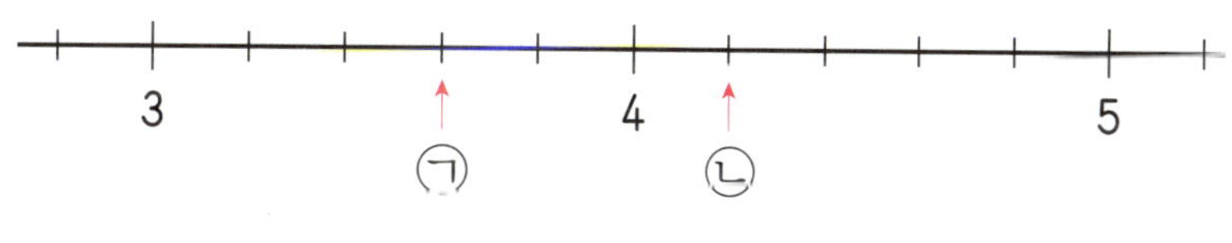

[답] ________________

29 계산 결과가 큰 것부터 차례로 기호를 쓰시오.

> ㉠ $3\dfrac{5}{13} - \dfrac{9}{13}$ 　　　㉡ $1\dfrac{7}{13} + \dfrac{6}{13}$
>
> ㉢ $\dfrac{11}{13} + \dfrac{12}{13}$ 　　　㉣ $6\dfrac{2}{13} - 4\dfrac{10}{13}$

[답] ________________

확인 학습

30 집에서 문구점을 거쳐 학교까지 가는 거리는 집에서 학교까지의 거리보다 몇 km 더 멉니까?

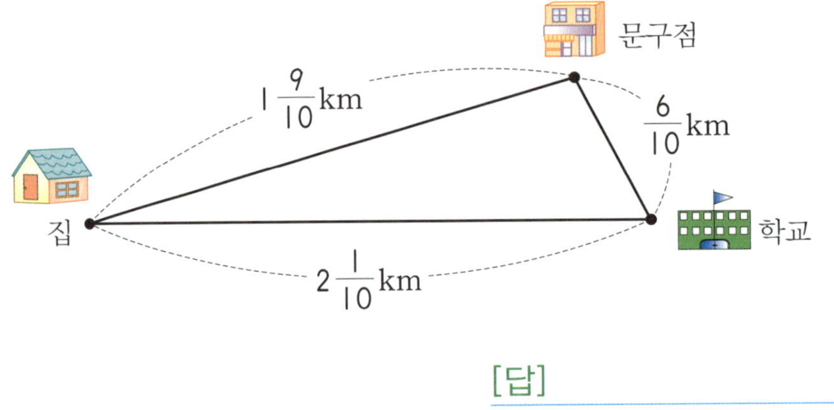

[답]

31 1부터 9까지의 숫자 중에서 □ 안에 들어갈 수를 모두 구하시오.

$$6\frac{9}{11} - 3\frac{2}{11} > \square\frac{6}{11}$$

[답]

32 빈칸에 알맞은 수를 써넣으시오.

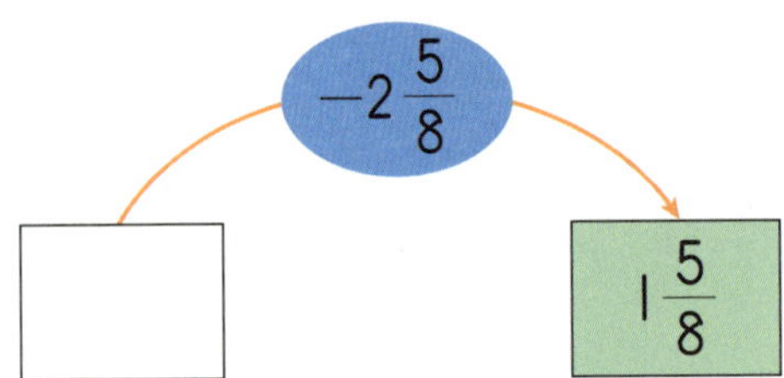

33 경선이가 심부름으로 돼지고기 $\dfrac{8}{10}$kg과 쇠고기 $\dfrac{6}{10}$kg을 샀습니다. 경선이가 산 돼지고기와 쇠고기는 모두 몇 kg입니까?

[식]   [답]

34 형태는 할머니 댁에 가기 위해 $1\dfrac{4}{6}$시간 동안 기차를 타고, $\dfrac{5}{6}$시간 동안 버스를 탔습니다. 형태가 기차와 버스를 탄 시간은 모두 몇 시간입니까?

[식]   [답]

35 지은이가 책가방을 메고 무게를 재었더니 $34\dfrac{7}{8}$kg이었습니다. 책가방의 무게가 $1\dfrac{3}{8}$kg이라면 지은이의 몸무게는 몇 kg입니까?

[식]   [답]

36 물이 2L 있습니다. 그중에서 $\dfrac{2}{5}$L를 마셨습니다. 남은 물은 몇 L입니까?

[식]   [답]

37 지우는 동화책을 어제는 전체의 $\frac{3}{12}$을, 오늘은 전체의 $\frac{4}{12}$를 읽었습니다. 지우가 어제와 오늘 읽은 동화책은 전체의 얼마입니까?

[답]

38 한 변이 $\frac{3}{8}$cm인 정삼각형의 세 변의 길이의 합을 구하시오.

[답]

39 선주는 일요일에 국어 공부를 $\frac{5}{6}$시간, 수학 공부를 $1\frac{3}{6}$시간 하였고, TV를 몇 시간 보았더니 $3\frac{1}{6}$시간이 지났습니다. 선주가 TV를 본 시간을 구하시오.

[답]

40 기웅이의 몸무게는 $39\frac{1}{4}$kg이고, 동생의 몸무게는 기웅이보다 $1\frac{2}{4}$kg 더 가볍고, 어머니의 몸무게는 동생의 몸무게보다 $16\frac{3}{4}$kg 더 무겁습니다. 어머니의 몸무게는 몇 kg입니까?

[답]

확인 학습

H-230a

◆ **소수의 덧셈과 뺄셈** ◆

🐸 다음을 계산하시오. [1~10]

1　0.7＋0.5

2　1.05＋0.48

3　0.35＋5.392

4　2.56＋8.621

5
$$\begin{array}{r} 0.76 \\ +\ 0.9 \\ \hline \end{array}$$

6
$$\begin{array}{r} 9.8 \\ +\ 0.65 \\ \hline \end{array}$$

7
$$\begin{array}{r} 6.375 \\ +\ 4.95 \\ \hline \end{array}$$

8
$$\begin{array}{r} 10.9 \\ +\ 25.76 \\ \hline \end{array}$$

9
$$\begin{array}{r} 8.952 \\ +\ 7.568 \\ \hline \end{array}$$

10
$$\begin{array}{r} 64.85 \\ +\ 7.691 \\ \hline \end{array}$$

 다음을 계산하시오. [11~20]

11 $2.5 - 1.8$

12 $0.56 - 0.28$

13 $3.8 - 1.92$

14 $11 - 9.807$

15
$$\begin{array}{r} 3.54 \\ -\ 2.36 \\ \hline \end{array}$$

16
$$\begin{array}{r} 10.5 \\ -\ 7.246 \\ \hline \end{array}$$

17
$$\begin{array}{r} 3.208 \\ -\ 1.5 \\ \hline \end{array}$$

18
$$\begin{array}{r} 6.561 \\ -\ 2.589 \\ \hline \end{array}$$

19
$$\begin{array}{r} 28.004 \\ -\ 3.872 \\ \hline \end{array}$$

20
$$\begin{array}{r} 100 \\ -\ 27.84 \\ \hline \end{array}$$

확인 학습

21 다음 수를 구하시오.

> 1.74보다 0.9 작은 수

[답]

22 계산에서 잘못된 곳을 찾아 바르게 계산하시오.

$$
\begin{array}{r}
5.7 \\
-\ 3.49 \\
\hline
2.39
\end{array}
$$

➡

23 빈칸에 알맞은 수를 써넣으시오.

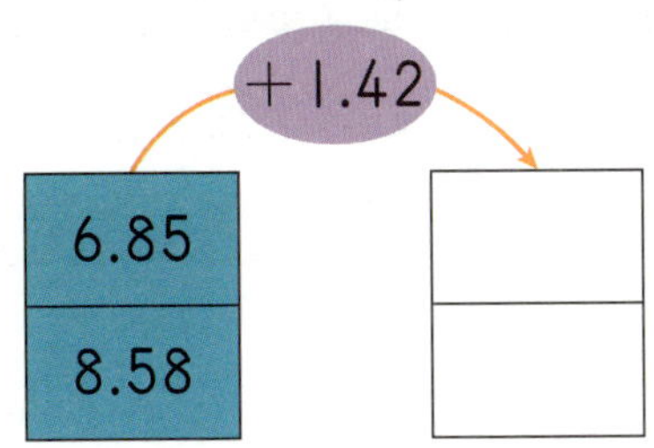

24 두 수의 합과 차를 구하시오.

| 2.647 | 3.5 |

합 _______________ , 차 _______________

25 빈칸에 알맞은 수를 써넣으시오.

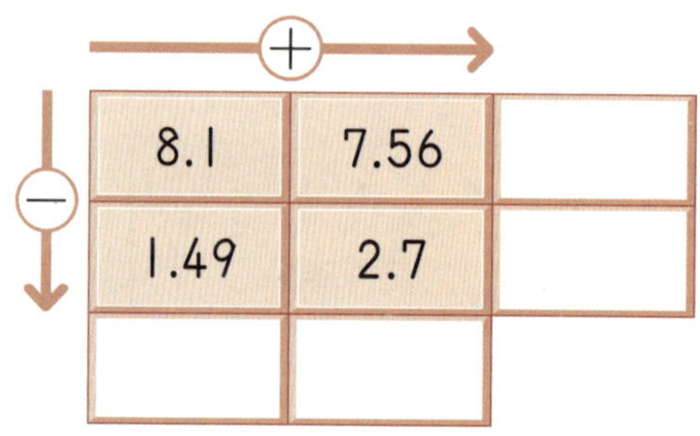

26 색 테이프의 길이의 차는 몇 m입니까?

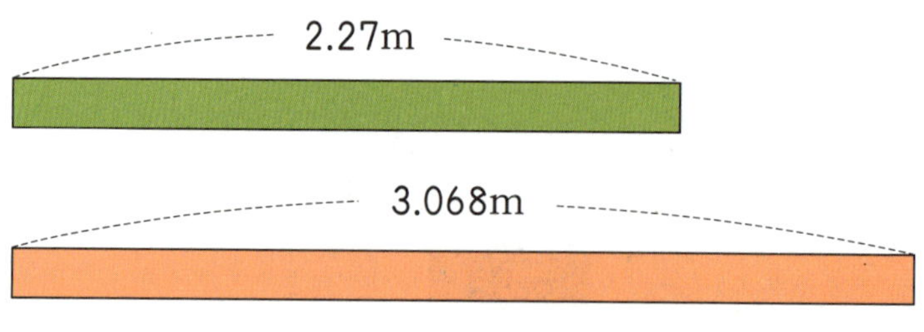

[답] _______________

확인 학습

27 □ 안에 알맞은 수를 써넣으시오.

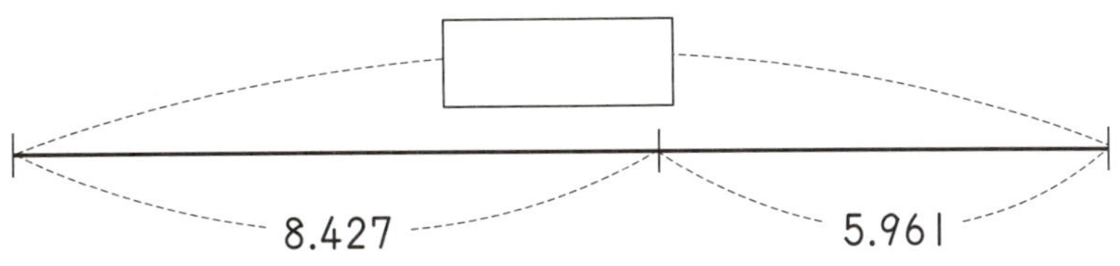

28 계산 결과를 비교하여 ○ 안에 ＞, ＝, ＜를 알맞게 써넣으시오.

$$0.75 + 0.13 \bigcirc 2.65 - 1.92$$

29 가장 큰 수와 가장 작은 수의 합을 구하시오.

4.08	2.909	5.2	3.104

[답]

30 다음 수를 구하시오.

1이 6개
0.1이 1개 인 수보다 3.85 작은 수
0.01이 2개

[답]

31 □ 안에 알맞은 숫자를 써넣으시오.

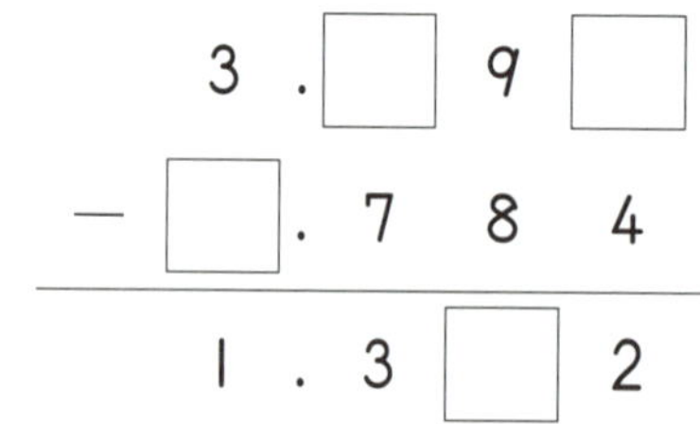

$$
\begin{array}{r}
3.\,\square\,9\,\square \\
-\ \square.784 \\
\hline
1.3\,\square\,2
\end{array}
$$

32 다음 숫자 카드를 모두 사용하여 만들 수 있는 가장 큰 소수 두 자리 수와 가장 작은 소수 두 자리 수의 차를 구하시오.

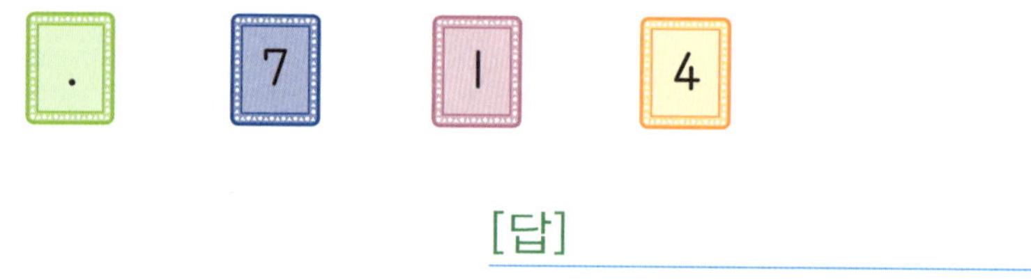

[답]

33 효리네 집에서 용수네 집까지의 거리가 **3.24km**이면 서점에서 우체국까지의 거리는 몇 **km**입니까?

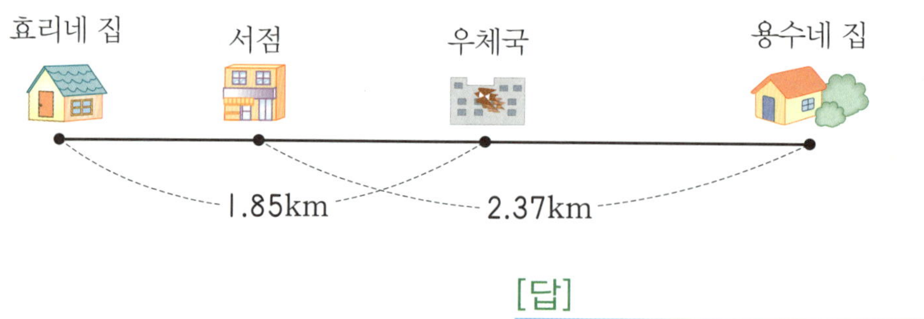

[답]

확인 학습

34 기석이네 집에서 공원까지의 거리는 0.4km이고, 공원에서 약수터까지의 거리는 0.7km입니다. 기석이네 집에서 공원을 지나 약수터까지의 거리는 몇 km입니까?

[식]   [답]

35 무게가 0.38kg인 바구니에 무게가 2.96kg인 과일을 담았습니다. 과일을 담은 바구니의 무게는 몇 kg입니까?

[식]   [답]

36 1.77L의 물을 들이가 4L인 물통에 부었더니 물통이 가득 찼습니다. 들이가 4L인 물통에는 물이 몇 L 들어 있었습니까?

[식]   [답]

37 현지의 키는 1.34m입니다. 태영이의 키는 현지의 키보다 0.175m 더 큽니다. 태영이의 키는 몇 m입니까?

[식]   [답]

38 마라톤 코스는 42.195km입니다. 어느 마라톤 선수가 18.094km 지점을 통과하였다면 앞으로 몇 km를 더 달려야 합니까?

[답]

39 어떤 수에서 1.02를 더해야 할 것을 잘못 계산하여 10.2를 더했더니 20.04가 되었습니다. 바르게 계산하면 얼마입니까?

[답]

40 수연이네 학교에는 가로가 5.15m이고, 세로가 2.75m인 직사각형 모양의 화단이 있습니다. 이 화단의 네 변의 길이의 합은 몇 m입니까?

[답]

41 정현이가 가지고 있는 끈의 길이는 3.52m이고, 도현이가 가지고 있는 끈의 길이는 정현이가 가지고 있는 끈보다 0.893m 더 깁니다. 두 사람이 가지고 있는 끈의 길이의 합은 몇 m입니까?

[답]

 확인 학습

✿ 이름 :
✿ 날짜 :
✿ 시간 :　시　분 ~　시　분

◆ 수직과 평행 ◆

1 두 직선이 서로 수직인 것에 ◯표 하시오.

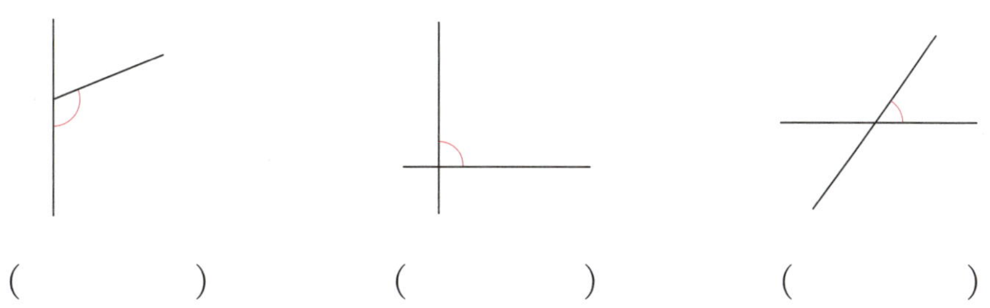

(　　)　　　(　　)　　　(　　)

2 두 직선이 서로 평행한 것에 ◯표 하시오.

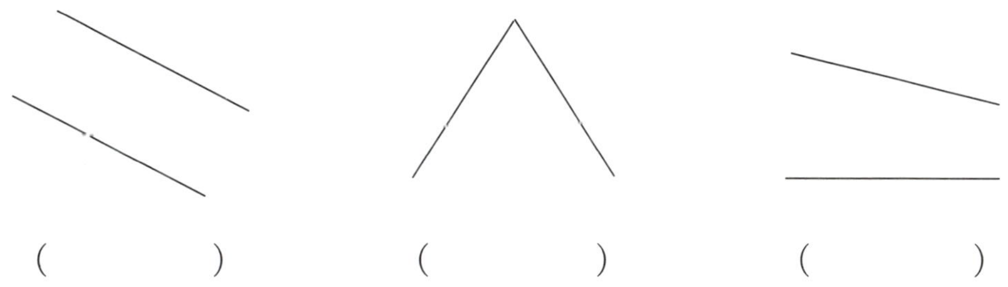

(　　)　　　(　　)　　　(　　)

3 서로 평행한 두 직선을 찾아 쓰시오.

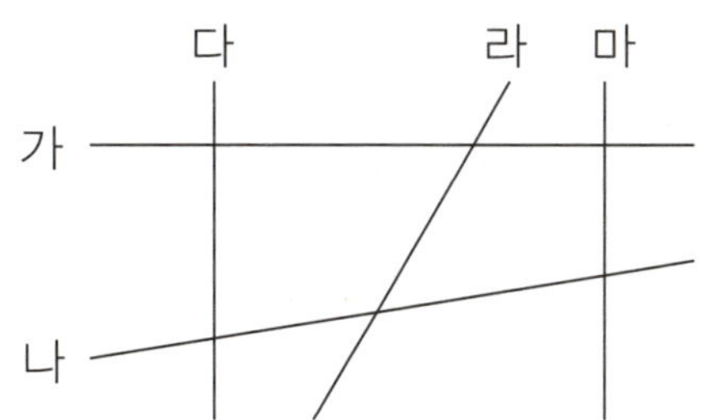

[답]

4 변 ㄹㄷ과 수직인 변을 모두 찾아 쓰시오.

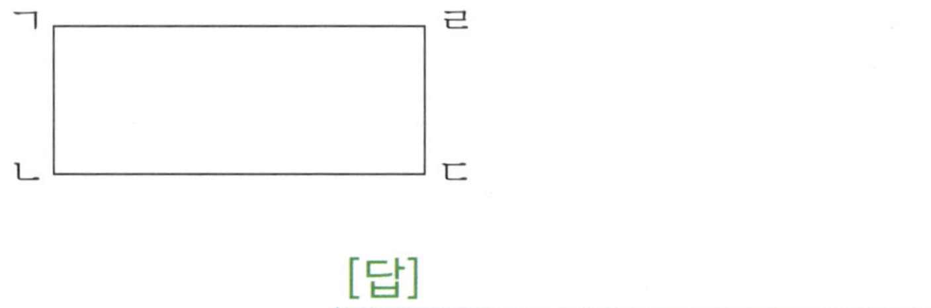

[답] ______________________________

5 도형에서 변 ㄴㅅ에 대한 수선을 찾아 쓰시오.

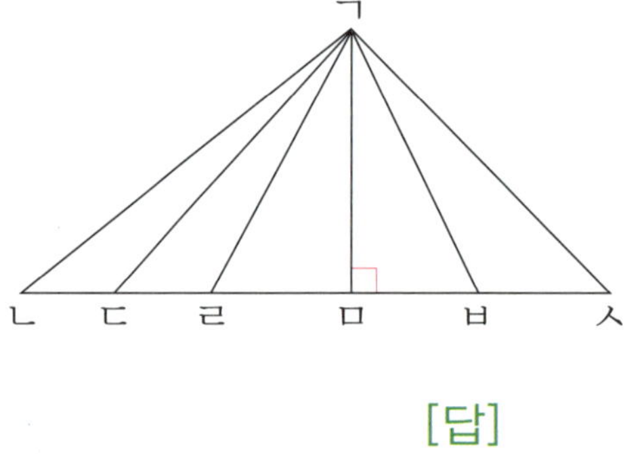

[답] ______________________________

6 도형에서 서로 평행한 변을 찾아 쓰시오.

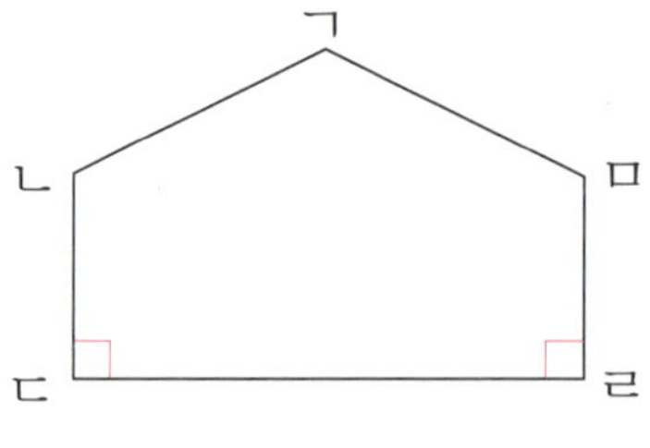

[답] ______________________________

도형을 보고 물음에 답하시오. [7~11]

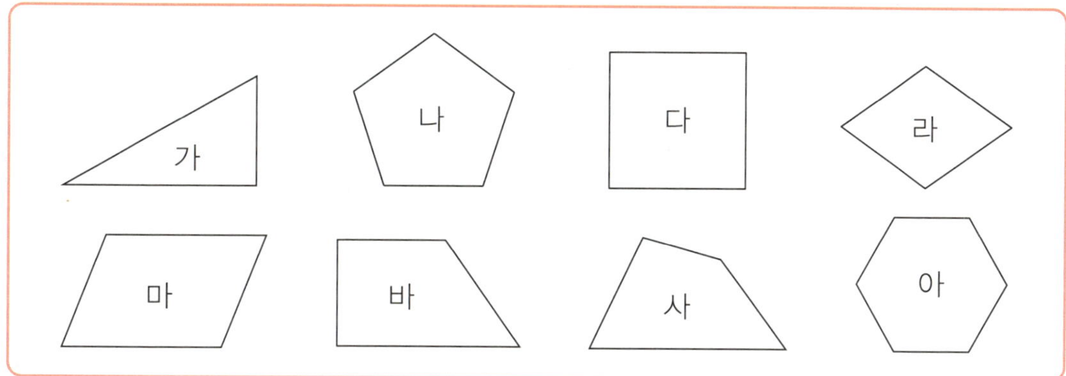

7 서로 수직인 변이 있는 도형을 모두 찾아 쓰시오.

[답]

8 도형 다에는 서로 수직인 변이 몇 쌍 있습니까?

[답]

9 서로 평행한 변이 있는 도형을 모두 찾아 쓰시오.

[답]

10 도형 아에는 서로 평행한 변이 몇 쌍 있습니까?

[답]

11 평행선과 수선이 모두 있는 도형을 모두 찾아 쓰시오.

[답]

12 도형에서 서로 평행한 선은 모두 몇 쌍인지 구하시오.

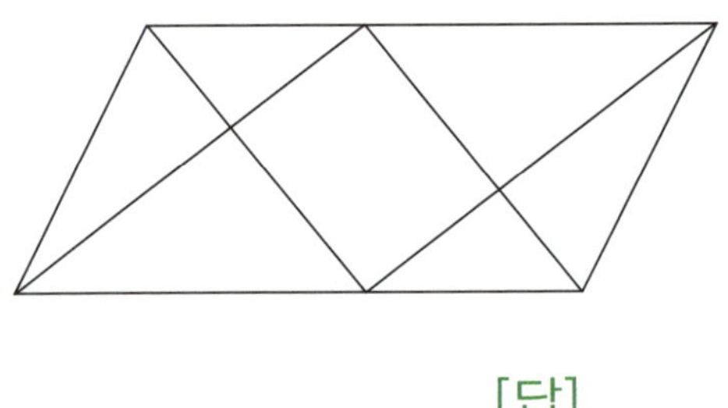

[답]

13 선분 ㄱㄷ과 선분 ㅁㄷ이 서로 수직일 때, 각 ㅁㄷㄹ의 크기를 구하시오.

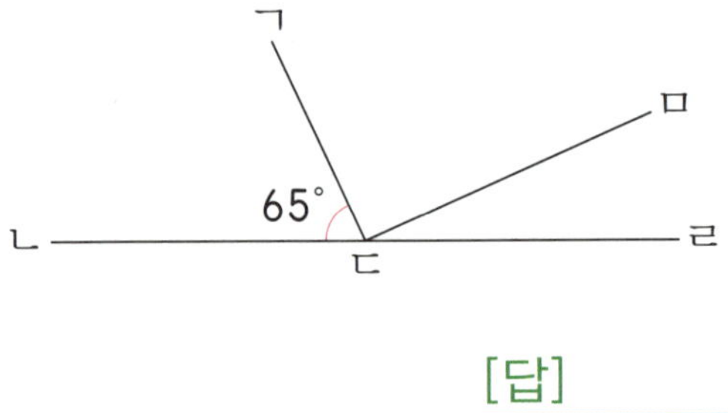

[답]

14 직선 가와 직선 나가 서로 평행합니다. ㉠의 크기를 구하시오.

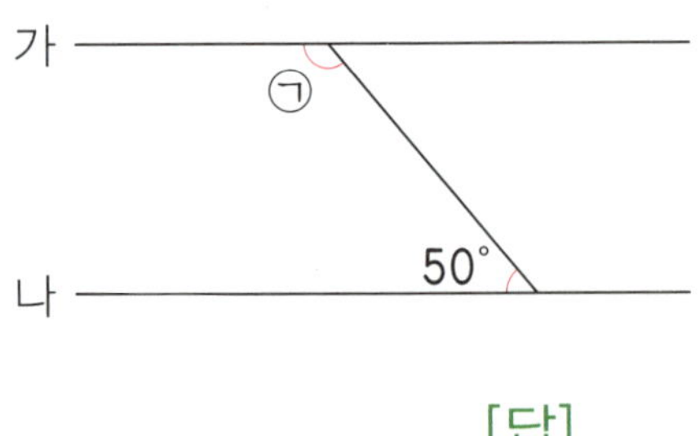

[답]

확인 학습

15 직각 삼각자를 사용하여 수선을 바르게 그은 것에 ○표 하시오.

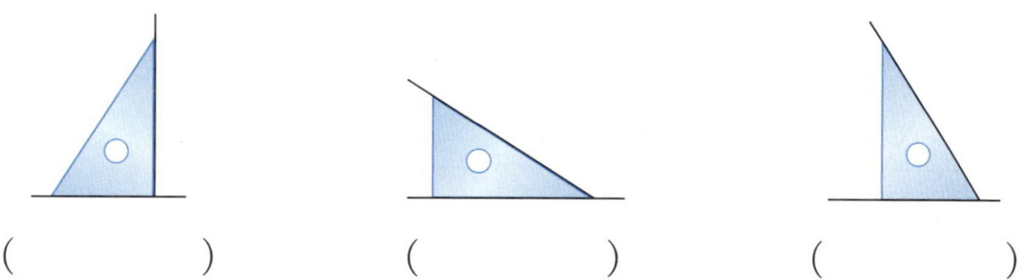

(   )   (   )   (   )

16 각도기를 사용하여 직선 ㄱㄴ에 대한 수선을 그리려고 합니다. 그리는 순서에 맞게 순서대로 기호를 쓰시오.

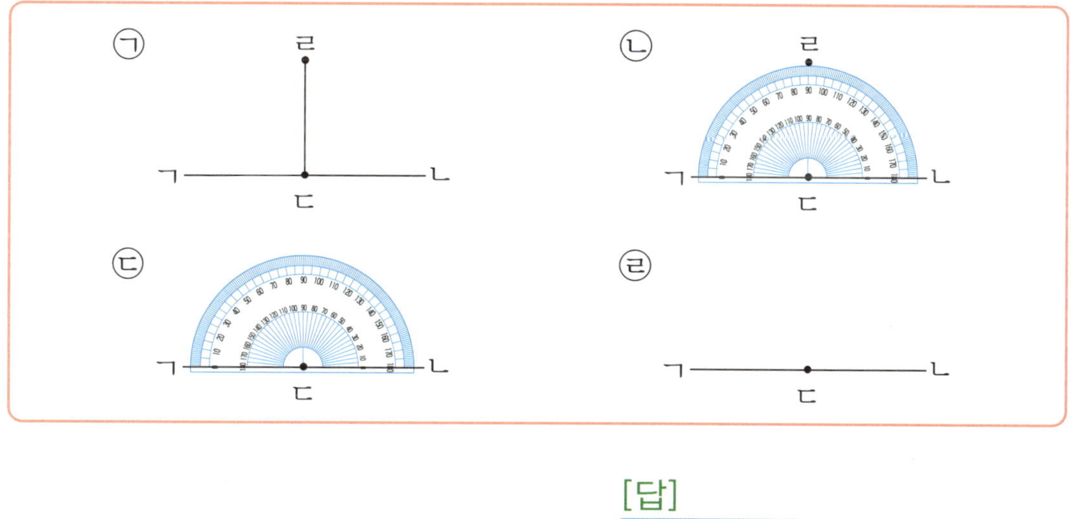

[답] _______________________

17 주어진 직선에 수선을 2개 그으시오.

확인 학습

18 직각 삼각자를 사용하여 평행선을 바르게 그은 것에 ◯표 하시오.

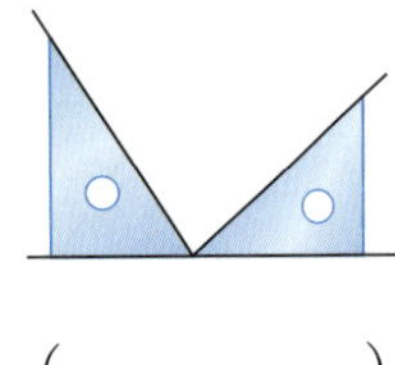 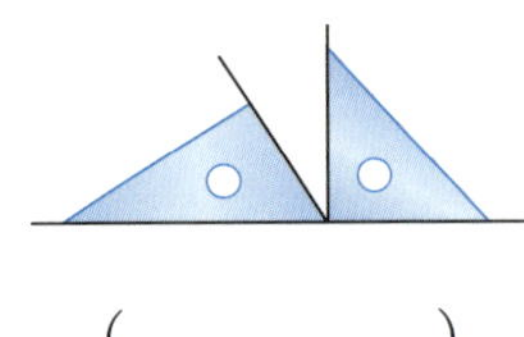 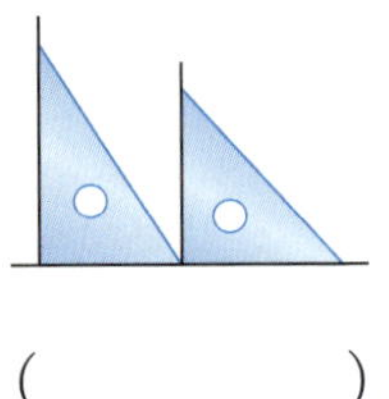

(   )   (   )   (   )

19 점 ㄷ을 지나고 직선 ㄱㄴ에 평행한 직선을 그으시오.

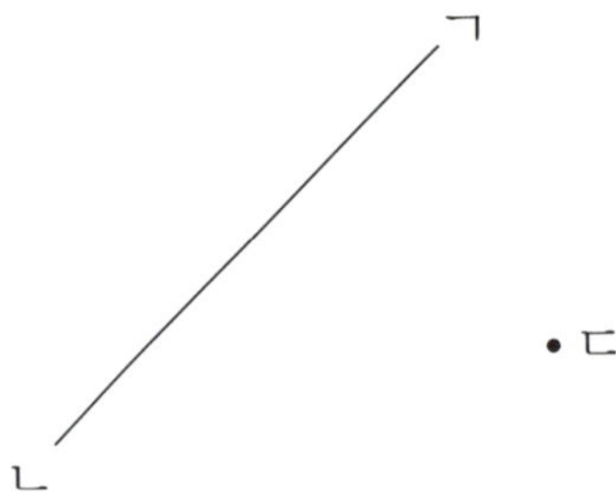

20 도형에서 점 ㄹ을 지나고 변 ㄱㄴ과 평행한 직선을 그으시오.

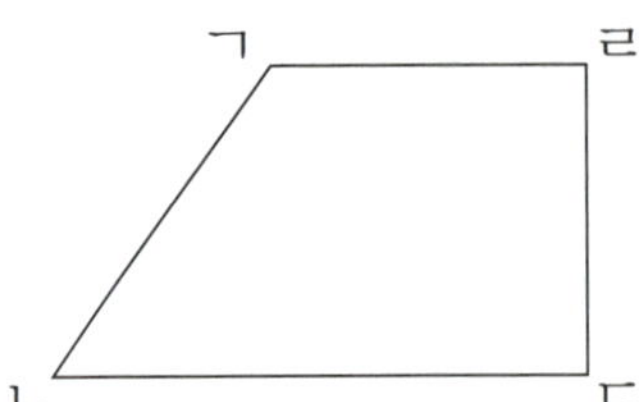

확인 학습

확인 학습

21 직선 가와 직선 나는 서로 평행합니다. 평행선 사이의 거리를 나타내는 선분을 찾아 기호를 쓰시오.

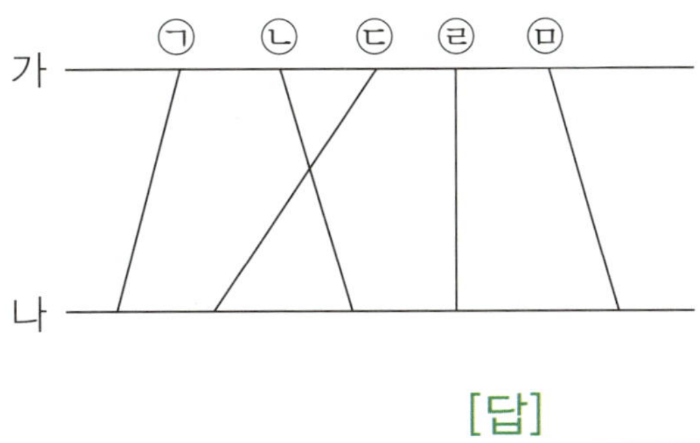

[답]

22 직선 가와 직선 나는 서로 평행합니다. 평행선 사이의 거리는 몇 cm입니까?

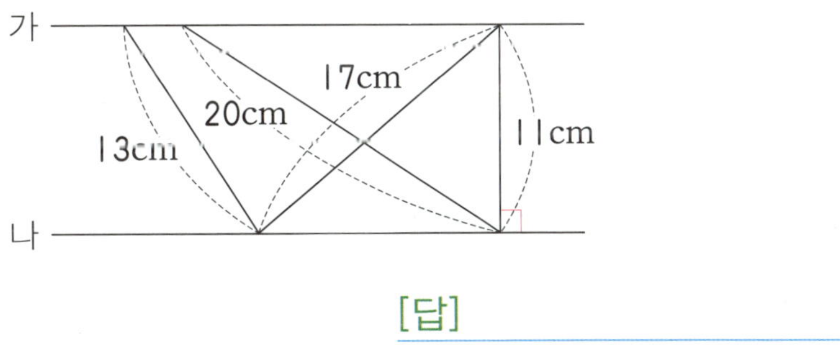

[답]

23 평행선 사이의 거리는 몇 cm입니까?

[답]

확인 학습

24 평행선 사이의 거리가 **3cm**가 되도록 주어진 직선의 평행선을 그어 보시오.

25 도형에서 평행선 사이의 거리를 나타내는 선분을 찾아 쓰시오.

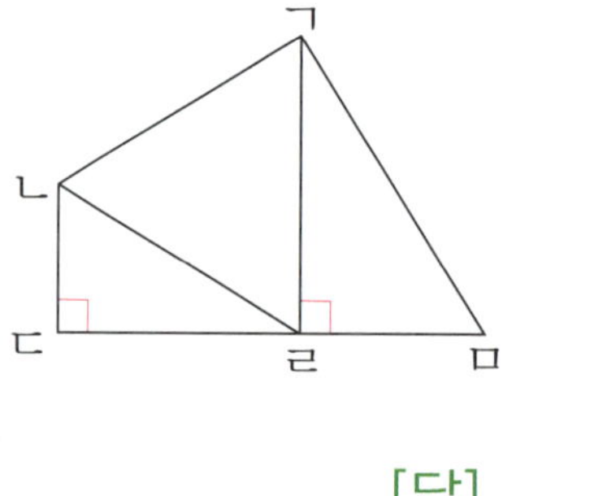

[답]

26 도형에서 변 ㄱㅅ과 변 ㄹㅁ은 서로 평행합니다. 변 ㄱㅅ과 변 ㄹㅁ 사이의 거리는 몇 cm입니까?

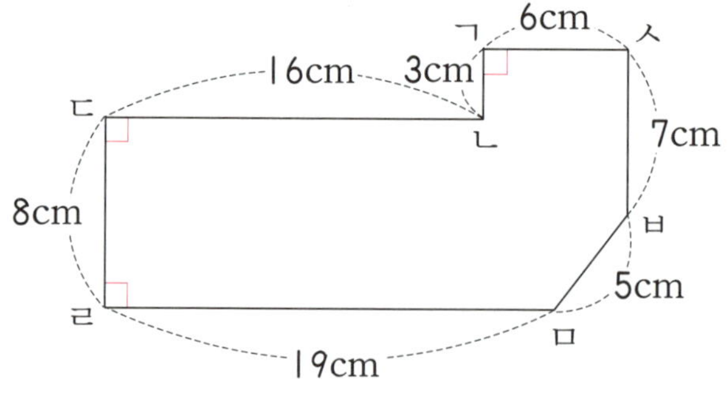

[답]

H-238a

🔵 창의력 학습

다음 수들을 한 번씩만 사용하여 개미 부부의 일기를 완성하려고 합니다. 문장에 맞게 ㉠~㉢에 들어갈 수를 구하시오.

$$2\frac{2}{5} \qquad \frac{2}{5} \qquad 1 \qquad \frac{3}{5} \qquad 1\frac{1}{5}$$

개미 부부는 겨울을 보내기 위해서 식량을 모았습니다.

9월, 10월은 똑같이 ㉠kg씩 모았고, 11월은 9월과 10월에 모은 식량을 합한 ㉡kg을 모았습니다. 이렇게 세 달 동안 모은 식량은 모두 ㉢kg 입니다.

개미 부부에게 배가 고픈 베짱이가 찾아왔습니다. 베짱이를 불쌍히 여긴 개미 부부는 베짱이에게 ㉣kg의 식량을 나누어 주었습니다.

겨울이 다가오자 개미 부부는 베짱이에게 나눠주고 남은 식량을 개미 부부가 똑같이 ㉤kg씩 먹으면서 따뜻하게 보냈습니다.

㉠: ☐   ㉡: ☐   ㉢: ☐   ㉣: ☐   ㉤: ☐

현수는 미로에 갇혀 있습니다. 현수가 미로를 빠져나가는 길은 주어진 문제에 대한 올바른 답을 찾아서 차례대로 쫓아가는 것입니다. 현수가 미로를 빠져나갈 수 있도록 도와 주세요. 잘못 가면 괴물과 만나게 됩니다.

$2.514-1.37$ ➡ $3.982+4.33$ ➡ $4.164-2.87$ ➡ $5.242+1.12$

➡ $2.354-0.93$ ➡ $1.912+2.88$ ➡ $2.764-2.27$

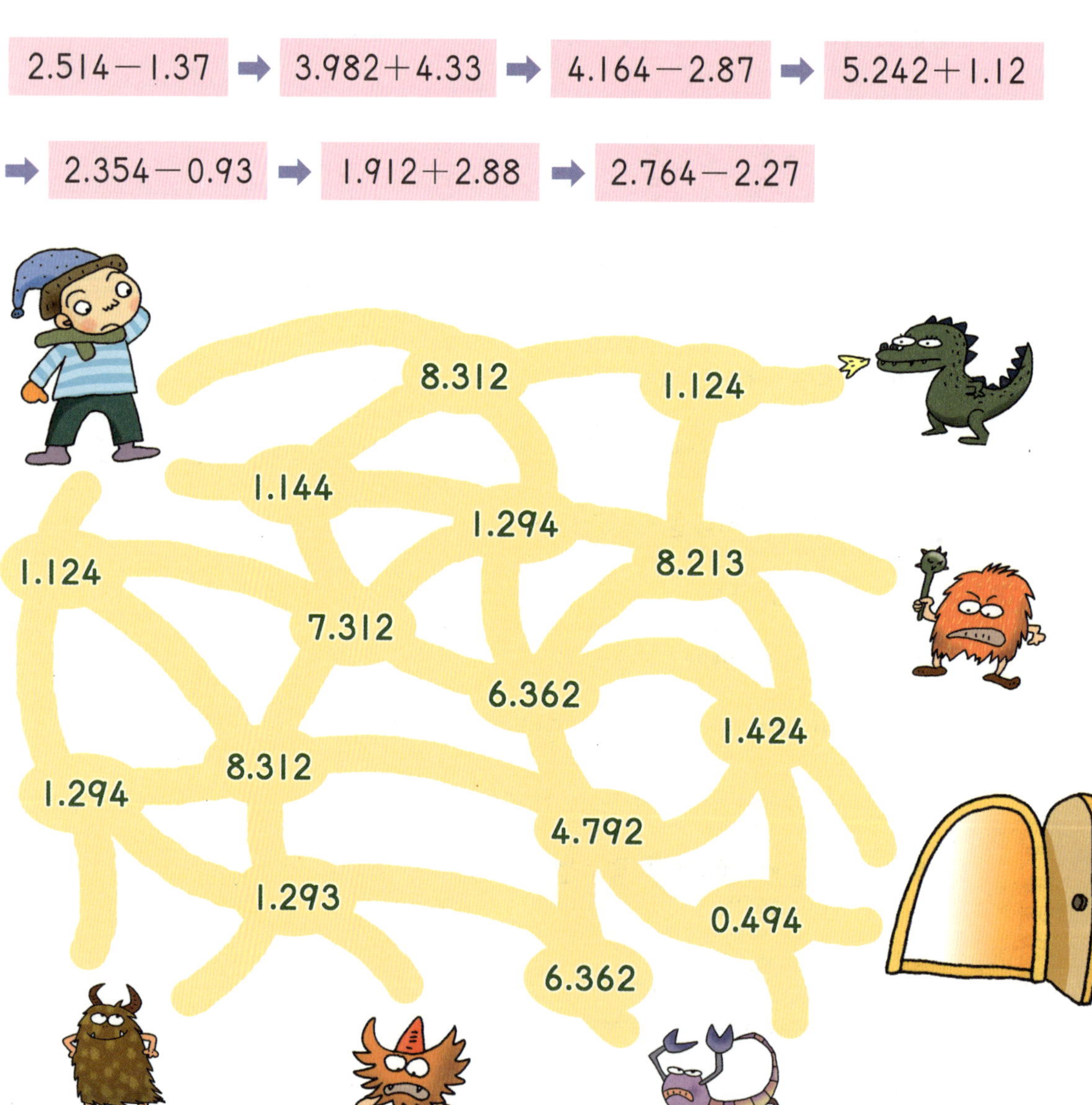

✿ 이름 :

✿ 날짜 :

✿ 시간 :　　시　　분 ~ 　　시　　분

확인

경시대회 예상문제

1 □ 안에 알맞은 수를 써넣으시오.

$$1\frac{4}{11} + \boxed{} = 6\frac{2}{11} - 2\frac{7}{11}$$

2 1부터 9까지의 숫자 중에서 □ 안에 들어갈 수 있는 숫자를 모두 구하시오.

$$3\frac{6}{7} + 2\frac{5}{7} > \square\frac{1}{7} + \frac{3}{7}$$

[답]

서술형 · 논술형

3 욕조에 물을 받으려고 합니다. 뜨거운 물은 1분에 $\frac{9}{10}$ L씩 나오고, 차가운 물은 1분에 $\frac{4}{10}$ L씩 나옵니다. 뜨거운 물과 차가운 물을 동시에 틀었을 때, 3분 동안 나오는 물은 모두 몇 L인지 풀이 과정을 쓰고 답을 구하시오.

[답]

4 □ 안에 알맞은 수를 써넣으시오.

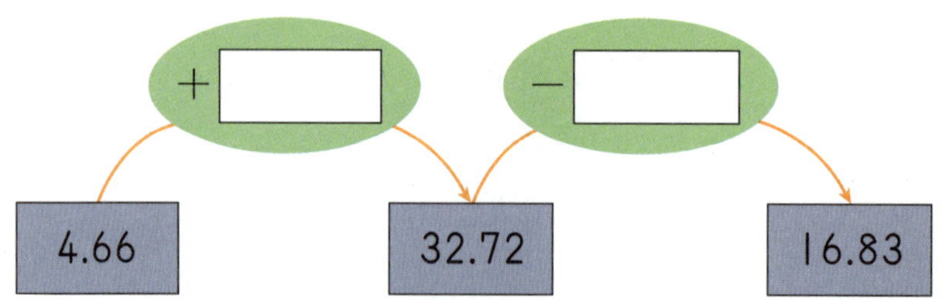

5 다음 수는 얼마인지 풀이 과정을 쓰고 답을 구하시오.

$$25.4의 \frac{1}{100} 배인 수와 0.176의 10배인 수의 합$$

[답]

6 어떤 수에서 10.5의 $\frac{1}{10}$ 을 빼야 할 것을 잘못하여 10.5의 $\frac{1}{100}$ 을 빼었더니 1.195가 되었습니다. 바르게 계산하면 얼마입니까?

[답]

7 주어진 직선과 거리가 **2cm**가 되는 평행선을 **2**개 그리시오.

8 직선 가와 직선 나는 서로 수직입니다. ㉠과 ㉡의 차를 구하시오.

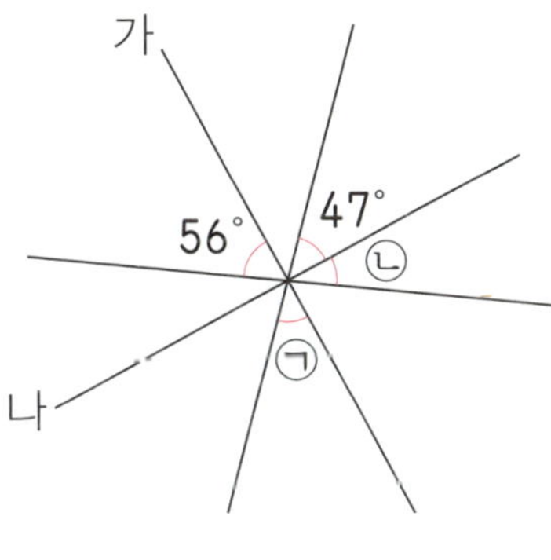

[답]

9 도형에서 평행한 변은 모두 몇 쌍입니까?

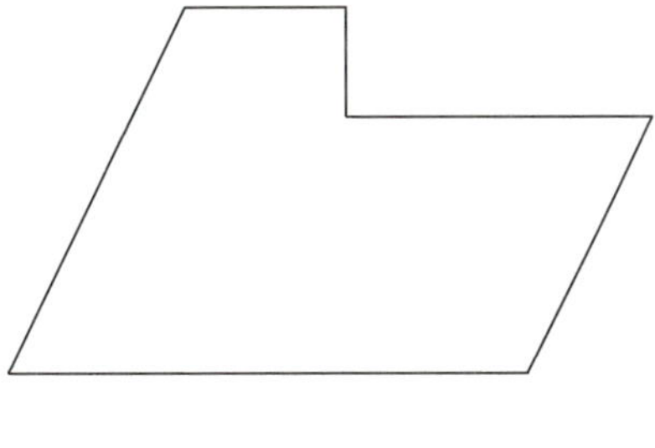

[답]

10 직선 가, 나, 다는 서로 평행합니다. 직선 나와 직선 다 사이의 거리는 몇 cm 입니까?

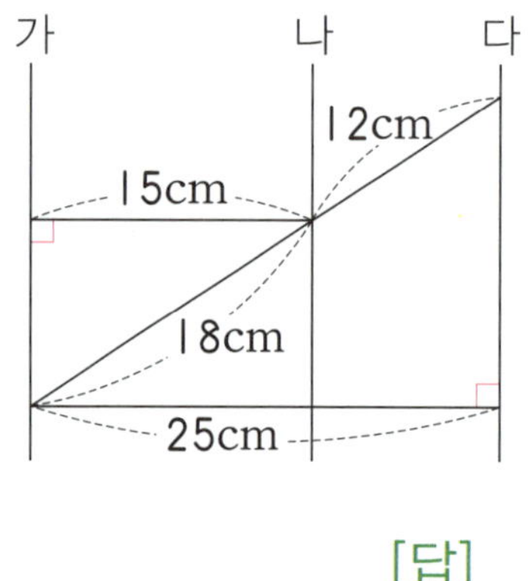

[답]

11 도형에서 평행선 사이의 거리는 몇 cm입니까?

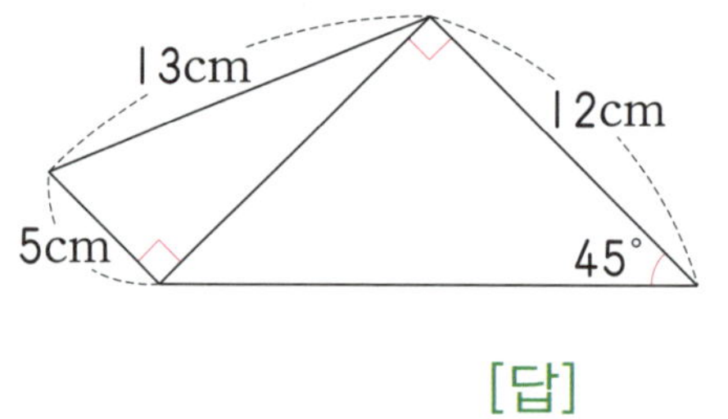

[답]

12 직선 ㄱㄴ과 직선 ㄷㄹ은 서로 평행합니다. 각 ㅁㅂㅅ의 크기를 구하시오.

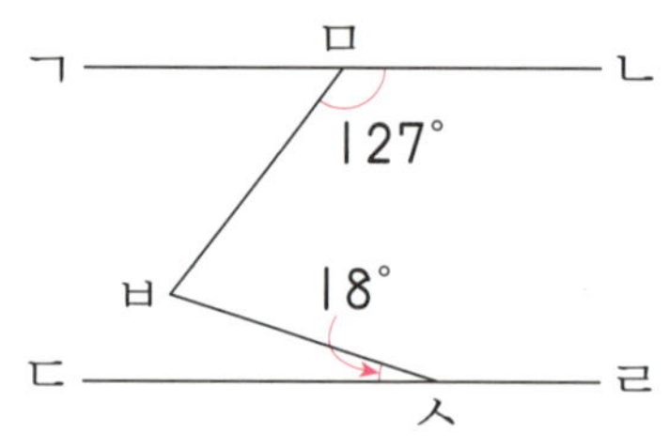

[답]

1 다음을 계산하시오.

(1) $2\dfrac{3}{11} + 3\dfrac{6}{11}$

(2) $4\dfrac{4}{9} - 2\dfrac{7}{9}$

2 빈 곳에 알맞은 수를 써넣으시오.

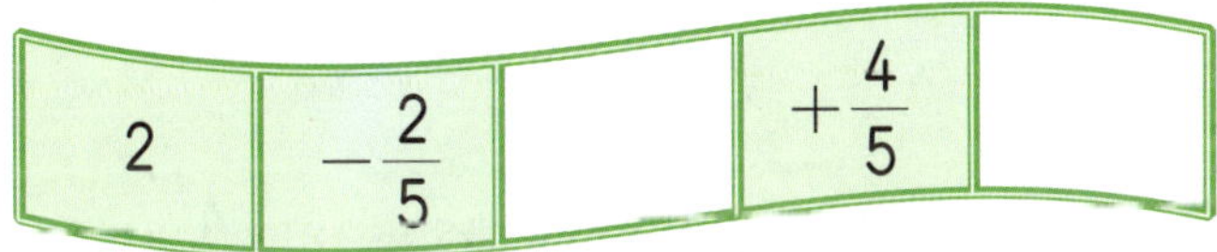

3 빈칸에 알맞은 수를 써넣으시오.

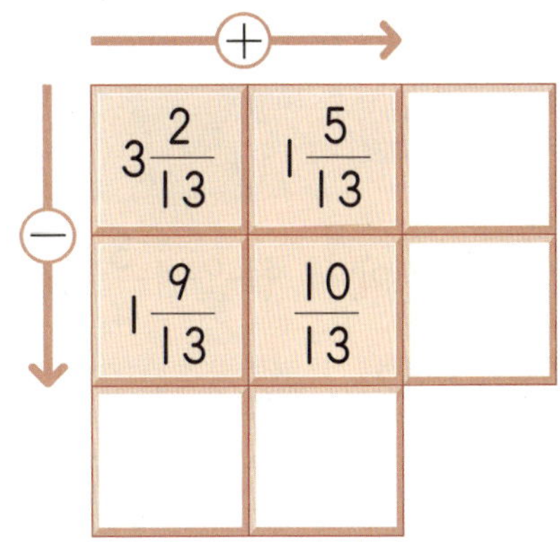

4 계산 결과를 비교하여 ○ 안에 >, =, <를 알맞게 써넣으시오.

$$8\frac{3}{7} - 1\frac{5}{7} \bigcirc 5\frac{2}{7} + \frac{6}{7}$$

5 □ 안에 알맞은 분수를 써넣으시오.

$$5\frac{3}{12} \Rightarrow \boxed{} - \boxed{} \Rightarrow 2\frac{9}{12}$$

6 지선이가 동화책을 어제는 $2\frac{1}{6}$ 시간, 오늘은 $1\frac{4}{6}$ 시간 읽었습니다. 지선이가 어제와 오늘 동화책을 읽은 시간은 모두 몇 시간입니까?

[답]

7 7L의 물이 들어 있는 욕조에서 물을 $1\frac{3}{4}$ L씩 2번 퍼내었습니다. 욕조에 남아 있는 물은 몇 L입니까?

[답]

8 다음을 계산하시오.

(1) $0.7 + 2.93$

(2) $9 - 3.58$

(3)
$$\begin{array}{r} 1.82 \\ +\ 0.96 \\ \hline \end{array}$$

(4)
$$\begin{array}{r} 4.005 \\ -\ 1.726 \\ \hline \end{array}$$

9 빈칸에 알맞은 수를 써넣으시오.

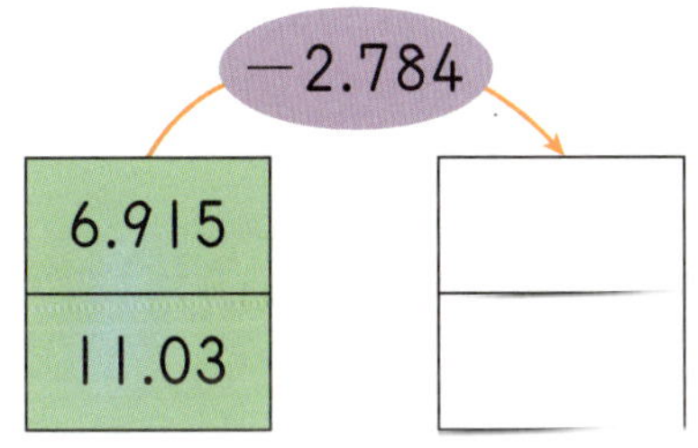

10 학교에서 우체국을 거쳐 집까지의 거리는 몇 km입니까?

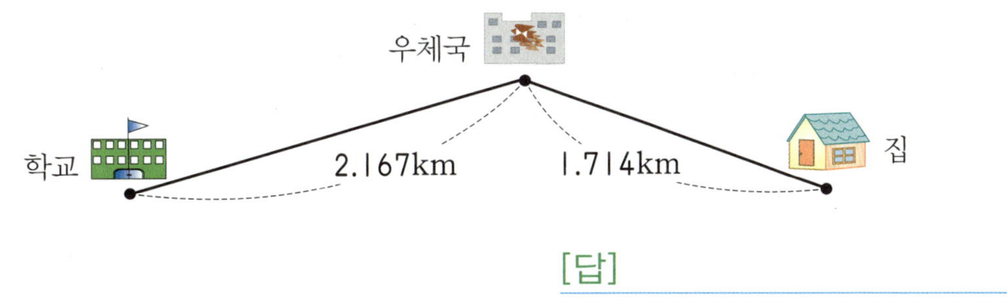

[답]

11 ㉠과 ㉡의 차를 구하시오.

> ㉠ 0.01이 562개인 수
> ㉡ 0.001이 2947개인 수

[답]

12 가장 큰 수와 가장 작은 수의 합을 구하시오.

> 1.996   3   2.08   4.5

[답]

13 삼각형의 세 변의 길이의 합은 몇 cm입니까?

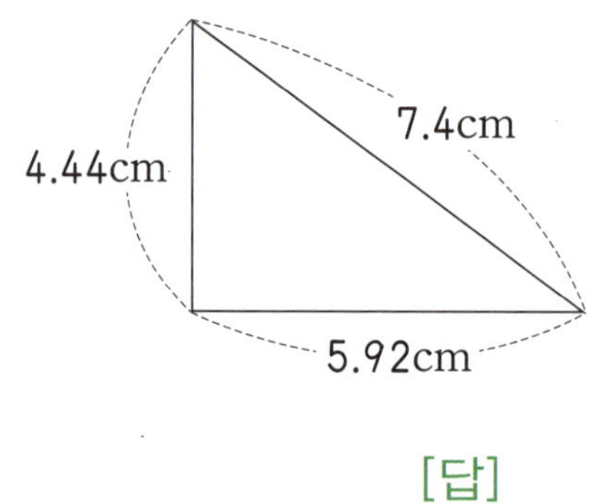

[답]

14 무게가 6.12kg인 사과 한 상자가 있습니다. 귤 한 상자의 무게는 사과 한 상자의 무게보다 2.3kg 가볍고, 배 한 상자의 무게는 귤 한 상자의 무게보다 8.75kg 무겁습니다. 배 한 상자의 무게는 몇 kg입니까?

[답]

15 그림을 보고 물음에 답하시오.

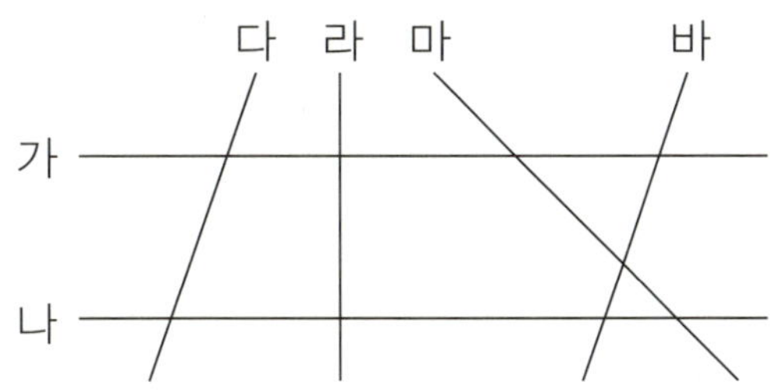

   (1) 직선 라에 대한 수선을 모두 찾아 쓰시오.

                [답]

   (2) 서로 평행한 직선을 모두 찾아 쓰시오.

                [답]

16 도형에서 변 ㄷㄹ에 대한 수선을 찾아 쓰시오.

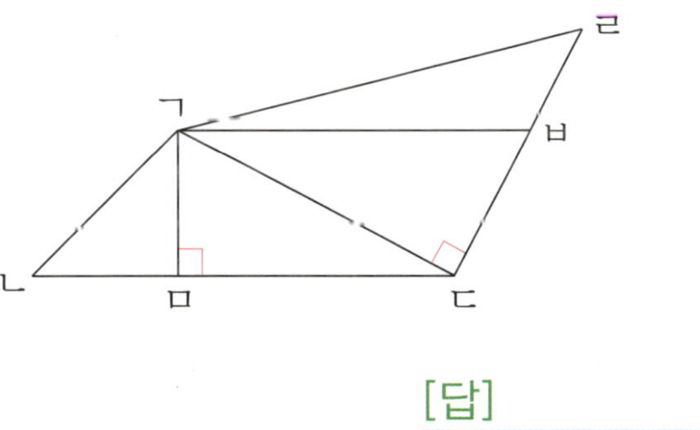

                [답]

17 다음 중 서로 수직인 변도 있고, 평행한 변도 있는 도형을 찾아 쓰시오.

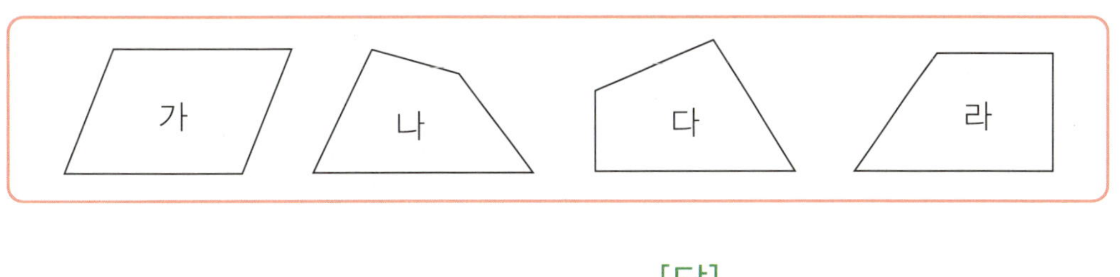

                [답]

18 점 ㄱ을 지나고 직선 가에 평행한 직선을 그린 후, 두 직선 사이의 거리를 재어 보시오.

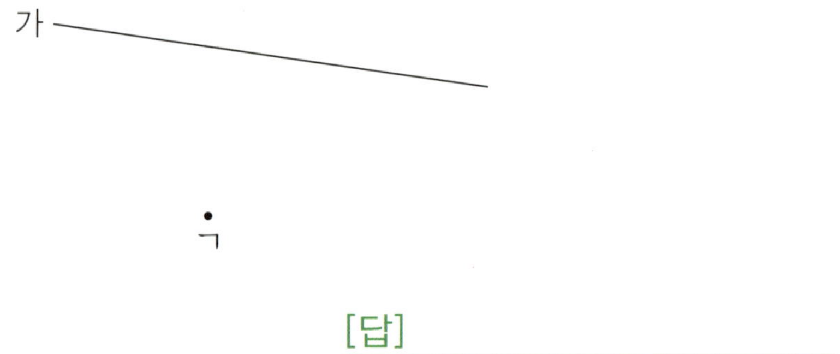

[답]

19 직선 가와 직선 다는 서로 수직입니다. ㉠의 크기를 구하시오.

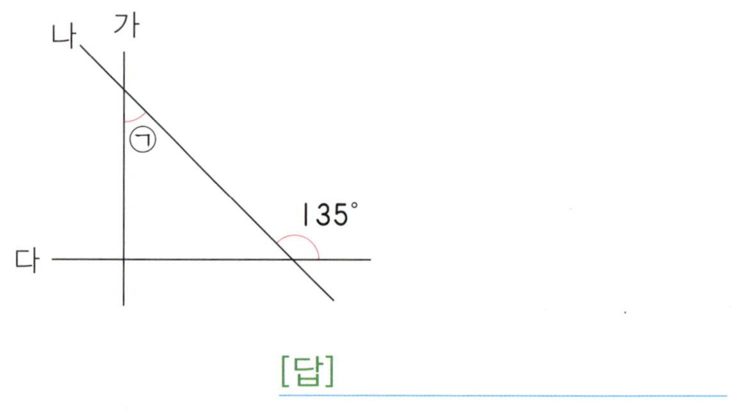

[답]

20 직선 가, 나, 다는 서로 평행합니다. 직선 가와 직선 다 사이의 거리는 몇 cm입니까?

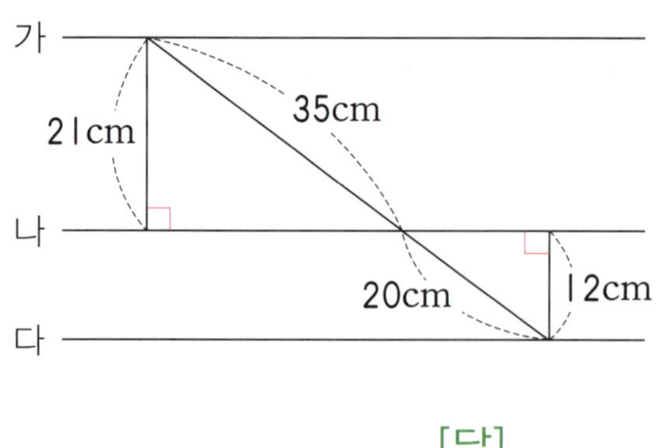

[답]

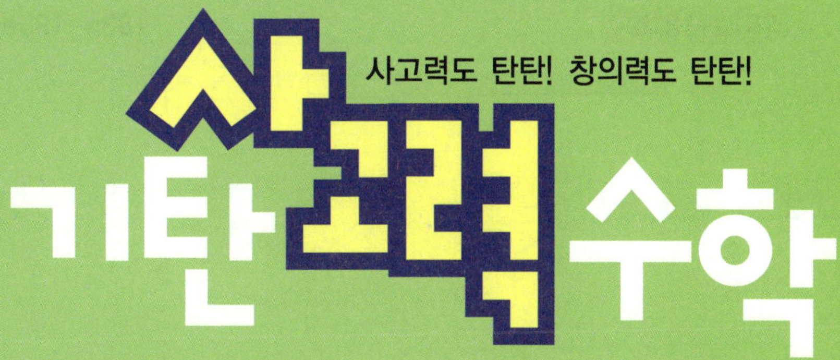

사고력도 탄탄! 창의력도 탄탄!
사
기탄 꼬력 수학
해답

H181a~H240b

해답은 따로 보관하고 있다가
채점할 때 사용해 주세요.

181a~181b

1 (1) 예

  (2) 3

2 2, 4, 6

3 $\dfrac{2}{3}$ 4 $\dfrac{5}{6}$

5 $\dfrac{5}{7}$ 6 $\dfrac{7}{8}$

7 $\dfrac{7}{9}$ 8 $\dfrac{7}{10}$

9 $\dfrac{9}{11}$ 10 $\dfrac{8}{13}$

11 $\dfrac{13}{15}$ 12 $\dfrac{18}{20}$

182a~182b

1 $\dfrac{7}{9}$

2 (위에서부터) $\dfrac{4}{12}$, $\dfrac{9}{12}$, $\dfrac{6}{12}$, $\dfrac{11}{12}$

3 $\dfrac{8}{10}$km

4 $\dfrac{9}{11}$

  풀이 가장 큰 수: $\dfrac{7}{11}$, 가장 작은 수: $\dfrac{2}{11}$

  ➡ $\dfrac{7}{11}+\dfrac{2}{11}=\dfrac{9}{11}$

5 $\dfrac{2}{5}+\dfrac{1}{5}=\dfrac{3}{5}$, $\dfrac{3}{5}$L

6 $\dfrac{6}{7}$kg

7 $\dfrac{12}{13}$

  풀이 어떤 수를 □라고 하면

  $\square-\dfrac{2}{13}=\dfrac{10}{13}$, $\square=\dfrac{10}{13}+\dfrac{2}{13}=\dfrac{12}{13}$

183a~183b

1 1, 1   2 $1\dfrac{3}{6}$

3 6, 7, 13, $1\dfrac{5}{8}$ 4 $1\dfrac{1}{3}$

5 $1\dfrac{2}{5}$ 6 $1\dfrac{4}{7}$

7 $1\dfrac{2}{9}$ 8 $1\dfrac{6}{10}$

9 $1\dfrac{5}{11}$ 10 $1\dfrac{3}{12}$

11 $1\dfrac{10}{15}$ 12 $1\dfrac{3}{17}$

13 $1\dfrac{12}{20}$

184a~184b

1 $1\dfrac{3}{12}$

2

  풀이 $\dfrac{5}{11}+\dfrac{9}{11}=\dfrac{14}{11}=1\dfrac{3}{11}$

  $\dfrac{7}{11}+\dfrac{6}{11}=\dfrac{13}{11}=1\dfrac{2}{11}$

3 $1\dfrac{2}{9}$, $1\dfrac{5}{9}$

4 >

  풀이 $\dfrac{5}{7}+\dfrac{5}{7}=\dfrac{10}{7}=1\dfrac{3}{7}$

  $\dfrac{3}{7}+\dfrac{6}{7}=\dfrac{9}{7}=1\dfrac{2}{7}$

  ➡ $1\dfrac{3}{7}>1\dfrac{2}{7}$

5 $1\dfrac{2}{6}$

  풀이 • $\dfrac{1}{6}$이 5개인 수: $\dfrac{5}{6}$

  • $\dfrac{1}{6}$이 3개인 수: $\dfrac{3}{6}$

$\Rightarrow \dfrac{5}{6} + \dfrac{3}{6} = \dfrac{8}{6} = 1\dfrac{2}{6}$

6 $\dfrac{8}{10} + \dfrac{6}{10} = 1\dfrac{4}{10}$, $1\dfrac{4}{10}$ km

7 $1\dfrac{5}{8}$ kg

185a~185b

1 3, 1

2 $1\dfrac{2}{6}$, $1\dfrac{4}{6}$ / 3

3 1, 2, 5, 4, 3, $\dfrac{9}{8}$, 3, $1\dfrac{1}{8}$, $4\dfrac{1}{8}$

4 $3\dfrac{2}{3}$

5 $2\dfrac{3}{4}$

6 $3\dfrac{7}{8}$

7 $8\dfrac{10}{11}$

8 $7\dfrac{1}{7}$

9 $3\dfrac{3}{9}$

10 $6\dfrac{4}{10}$

11 $8\dfrac{7}{12}$

12 $7\dfrac{3}{13}$

13 $10\dfrac{4}{15}$

186a~186b

1 $2\dfrac{4}{5}$

2 (위에서부터) $2\dfrac{5}{6}$, $4\dfrac{2}{6}$, 5, $6\dfrac{3}{6}$

3 $4\dfrac{2}{8}$

4 ㉠

풀이 ㉠ $2\dfrac{2}{15} + 3\dfrac{4}{15} = 5\dfrac{6}{15}$

㉡ $3\dfrac{8}{15} + 1\dfrac{9}{15} = 4\dfrac{17}{15} = 5\dfrac{2}{15}$

5 $1\dfrac{2}{4} + 2\dfrac{1}{4} = 3\dfrac{3}{4}$, $3\dfrac{3}{4}$ L

6 $4\dfrac{2}{10}$ kg

7 $12\dfrac{2}{5}$ 쪽

187a~187b

1 (1) 예

$$0 \qquad\qquad\qquad\qquad 1$$

(2) 2

2 $\dfrac{2}{8}$

3 $\dfrac{5}{5}$, $\dfrac{1}{5}$, $2\dfrac{1}{5}$

4 $\dfrac{3}{5}$

5 $\dfrac{2}{7}$

6 $\dfrac{3}{9}$

7 $\dfrac{5}{10}$

8 $\dfrac{5}{12}$

9 $\dfrac{3}{15}$

10 $\dfrac{2}{3}$

11 $\dfrac{1}{6}$

12 $1\dfrac{5}{8}$

13 $4\dfrac{5}{11}$

188a~188b

1 $\dfrac{3}{6}$

2

풀이 $1 - \dfrac{6}{12} = \dfrac{6}{12}$, $\dfrac{9}{12} - \dfrac{5}{12} = \dfrac{4}{12}$

3 $\dfrac{3}{8}$ km

풀이 $\dfrac{7}{8} - \dfrac{4}{8} = \dfrac{3}{8}$ (km)

4 $\dfrac{9}{11}$, $\dfrac{4}{11}$

5 $\dfrac{3}{10}$

풀이 ㉠: $\dfrac{4}{10}$, ㉡: $\dfrac{7}{10}$

$\Rightarrow \dfrac{7}{10} - \dfrac{4}{10} = \dfrac{3}{10}$

6 $2 - \dfrac{3}{7} = 1\dfrac{4}{7}$, $1\dfrac{4}{7}$ kg

7 중호, $\dfrac{3}{13}$ km

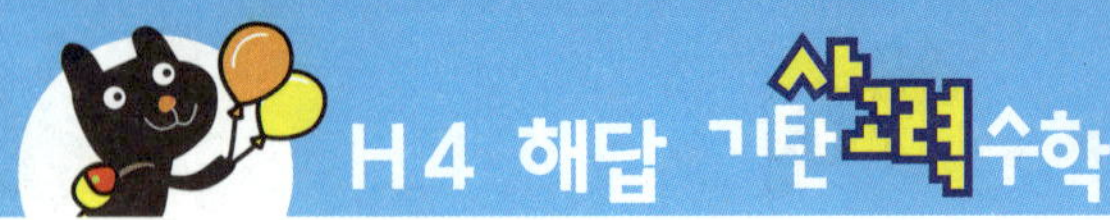

※해답은 따로 보관하고 있다가 채점할 때 사용해 주세요.

189a~189b

1. $1\frac{2}{4}$

2. $1\frac{3}{5}$

3. 4, 1, 7, 4, 3, 3, 3, 3

4. 7, 3, 7, 1, $\frac{2}{6}$, $1\frac{2}{6}$

5. $1\frac{1}{3}$

6. $2\frac{2}{6}$

7. $3\frac{4}{10}$

8. $3\frac{3}{11}$

9. $3\frac{3}{5}$

10. $\frac{6}{7}$

11. $\frac{5}{8}$

12. $1\frac{5}{9}$

13. $2\frac{6}{12}$

14. $3\frac{7}{13}$

190a~190b

1. $2\frac{1}{5}$, $4\frac{3}{5}$

2. $5\frac{3}{10} - 2\frac{7}{10} = \frac{53}{10} - \frac{27}{10} = \frac{26}{10} = 2\frac{6}{10}$

3. $1\frac{4}{7}$

4. ㉡, ㉠, ㉢

풀이 ㉠ $4\frac{7}{11} - 2\frac{3}{11} = 2\frac{4}{11}$

㉡ $7\frac{9}{11} - 5\frac{2}{11} = 2\frac{7}{11}$

㉢ $5\frac{2}{11} - 3\frac{4}{11} = 4\frac{13}{11} - 3\frac{4}{11} = 1\frac{9}{11}$

5. $32\frac{1}{4} - 2\frac{3}{4} = 29\frac{2}{4}$, $29\frac{2}{4}$kg

6. $1\frac{2}{6}$시간

풀이 가장 많이 공부한 과목은 영어이고, 가장 적게 공부한 과목은 국어입니다.

➡ $2\frac{5}{6} - 1\frac{3}{6} = 1\frac{2}{6}$(시간)

191a~191b

1. $2\frac{5}{6}$

2. $1\frac{2}{4}$

3. $\frac{3}{7}$, 2, $\frac{8}{7}$, 2, $1\frac{1}{7}$, $3\frac{1}{7}$

4. $1\frac{2}{3}$

5. $2\frac{5}{6}$

6. $3\frac{1}{4}$

7. $4\frac{6}{9}$

8. $6\frac{7}{11}$

9. $1\frac{3}{6}$

10. $4\frac{1}{7}$

11. $2\frac{5}{8}$

12. $2\frac{8}{10}$

13. $4\frac{8}{12}$

192a~192b

1.

풀이 $2\frac{6}{11} - \frac{3}{11} = 2\frac{3}{11}$

$1\frac{3}{11} + \frac{9}{11} = 1\frac{12}{11} = 2\frac{1}{11}$

2. $3\frac{5}{8}$, $2\frac{6}{8}$

3. <

풀이 $4\frac{4}{9} - \frac{8}{9} = 3\frac{13}{9} - \frac{8}{9} = 3\frac{5}{9}$

$2\frac{7}{9} + \frac{8}{9} = 2\frac{15}{9} = 3\frac{6}{9}$

➡ $3\frac{5}{9} < 3\frac{6}{9}$

4. $3\frac{3}{6}$, $1\frac{5}{6}$

풀이 합: $2\frac{4}{6} + \frac{5}{6} = 2\frac{9}{6} = 3\frac{3}{6}$

차: $2\frac{4}{6} - \frac{5}{6} = 1\frac{10}{6} - \frac{5}{6} = 1\frac{5}{6}$

5. $1\frac{1}{5} - \frac{3}{5} = \frac{3}{5}$, $\frac{3}{5}$L

6 $33\dfrac{1}{8}$ kg

풀이 $32\dfrac{5}{8}+\dfrac{4}{8}=32\dfrac{9}{8}=33\dfrac{1}{8}$ (kg)

7 $2\dfrac{4}{10}$ m

풀이 $3\dfrac{2}{10}-\dfrac{8}{10}=2\dfrac{12}{10}-\dfrac{8}{10}$
$=2\dfrac{4}{10}$ (m)

193a~193b 창의력 학습

a 5일

풀이 (농부가 모은 볏짚의 양)
$=3\dfrac{1}{3}+3\dfrac{1}{3}+3\dfrac{1}{3}=10$ (kg)

(황소와 염소가 하루에 먹는 볏짚의 양)
$=1\dfrac{2}{7}+\dfrac{5}{7}=1\dfrac{7}{7}=2$ (kg)

따라서 3일 동안 모은 볏짚으로
$10\div2=5$ (일) 동안 먹이를 줄 수 있습니다.

b $3\dfrac{1}{10}$ 개

풀이 $20-4\dfrac{3}{10}-5\dfrac{9}{10}-6\dfrac{7}{10}$
$=15\dfrac{7}{10}-5\dfrac{9}{10}-6\dfrac{7}{10}$
$=9\dfrac{8}{10}-6\dfrac{7}{10}=3\dfrac{1}{10}$ (개)

194a~195b 경시대회 예상문제

1 $\dfrac{6}{10}$

풀이 ㉠ $\dfrac{9}{10}+\dfrac{3}{10}=1\dfrac{2}{10}$

㉡ $1\dfrac{1}{10}-\dfrac{5}{10}=\dfrac{6}{10}$

➡ ㉠－㉡$=1\dfrac{2}{10}-\dfrac{6}{10}=\dfrac{6}{10}$

2 7, 8, 9

풀이 $\dfrac{10}{13}-\dfrac{4}{13}=\dfrac{6}{13}$, $\dfrac{2}{13}+\dfrac{8}{13}=\dfrac{10}{13}$

➡ $\dfrac{6}{13}<\dfrac{\square}{13}<\dfrac{10}{13}$

□ 안에 들어갈 수는 6보다 크고 10보다 작은 수이므로 7, 8, 9입니다.

3 $1\dfrac{4}{5}+2\dfrac{3}{5}=(1+2)+\left(\dfrac{4}{5}+\dfrac{3}{5}\right)$
$=3+\dfrac{7}{5}=4\dfrac{2}{5}$

4 (위에서부터) $1\dfrac{6}{15}$, $\dfrac{14}{15}$, $\dfrac{7}{15}$, $1\dfrac{13}{15}$

5 (국어와 영어를 공부한 시간)
$=\dfrac{5}{6}+1\dfrac{3}{6}=2\dfrac{2}{6}$ (시간)

(수학과 과학을 공부한 시간)
$=1\dfrac{1}{6}+\dfrac{4}{6}=1\dfrac{5}{6}$ (시간)

➡ $2\dfrac{2}{6}-1\dfrac{5}{6}=\dfrac{3}{6}$ (시간)

[답] $\dfrac{3}{6}$ 시간

평가 기준	
상	국어와 영어를 공부한 시간, 수학과 과학을 공부한 시간을 구하고 답을 바르게 구한 경우
중	국어와 영어를 공부한 시간, 수학과 과학을 공부한 시간은 구하였으나 답을 구하지 못한 경우
하	풀이 과정과 답을 구하지 못한 경우

6 $8\dfrac{7}{8}$

풀이 가장 큰 수: $7\dfrac{4}{8}$, 가장 작은 수: $1\dfrac{3}{8}$

➡ $7\dfrac{4}{8}+1\dfrac{3}{8}=8\dfrac{7}{8}$

7 (10cm인 색 테이프 3장의 길이의 합)
$=10+10+10=30$ (cm)

(겹쳐진 부분의 길이의 합)
$=2\dfrac{4}{5}+2\dfrac{4}{5}=5\dfrac{3}{5}$ (cm)

(이어 붙인 색 테이프의 전체 길이)
$=30-5\dfrac{3}{5}=24\dfrac{2}{5}$ (cm)

[답] $24\dfrac{2}{5}$ cm

평가 기준	
상	색 테이프 3장의 길이의 합과 겹쳐진 부분의 길이의 합을 구하고 답을 바르게 구한 경우
중	색 테이프 3장의 길이의 합과 겹쳐진 부분의 길이의 합은 구하였으나 답을 구하지 못한 경우
하	풀이 과정과 답을 구하지 못한 경우

8 $6\frac{6}{7}$

풀이 어떤 수를 □라고 하면

$$\square-2\frac{5}{7}=1\frac{3}{7},\ \square=1\frac{3}{7}+2\frac{5}{7}=4\frac{1}{7}$$

바르게 계산하면

$$4\frac{1}{7}+2\frac{5}{7}=6\frac{6}{7}$$

9 정사각형, $2\frac{5}{9}$cm

풀이 (정사각형의 네 변의 길이의 합)

$$=7\frac{2}{9}+7\frac{2}{9}+7\frac{2}{9}+7\frac{2}{9}=28\frac{8}{9}(\text{cm})$$

(정삼각형의 세 변의 길이의 합)

$$=8\frac{7}{9}+8\frac{7}{9}+8\frac{7}{9}=26\frac{3}{9}(\text{cm})$$

따라서 정사각형을 만드는 데 철사를

$$28\frac{8}{9}-26\frac{3}{9}=2\frac{5}{9}(\text{cm}) \text{ 더 사용했습니다.}$$

10 오후 1시 8초

풀이 일주일 후 시계는

$$1\frac{1}{7}+1\frac{1}{7}+1\frac{1}{7}+1\frac{1}{7}+1\frac{1}{7}+1\frac{1}{7}+1\frac{1}{7}$$

$=8$(초) 빨라집니다.

따라서 시계가 가리키는 시각은 오후 1시 8초입니다.

11 900g

풀이 수제비와 칼국수를 만드는 데 전체의

$\frac{3}{9}+\frac{4}{9}=\frac{7}{9}$을 사용했습니다. 따라서 전체

밀가루의 $\frac{2}{9}$가 남은 밀가루 200g이므로

전체의 $\frac{1}{9}$은 100g입니다. 따라서 전체 밀

가루는 $100\times9=900(\text{g})$입니다.

196a~196b

1	0.8	**2**	1.4
3	2, 4, 6, 0.6		
4	0.7	**5**	0.9
6	1.3	**7**	1.5
8	1.4	**9**	1.1
10	0.7	**11**	0.8
12	1.7	**13**	1.1

197a~197b

1 0.9, 1.3　　　**2** (선 잇기)

3 1.3

풀이 ㉠ 0.1이 6개인 수: 0.6
㉡ 0.1이 7개인 수: 0.7
➡ ㉠＋㉡＝0.6＋0.7＝1.3

4 1.4km

5 0.6＋0.8＝1.4, 1.4L

6 1.3kg

풀이 800g은 0.8kg입니다.
➡ 0.5＋0.8＝1.3(kg)

198a~198b

1	0.25, 0.37, 0.62		
2	42, 16, 58, 0.58		
3	50, 21, 71, 0.71		
4	0.89	**5**	0.78
6	0.75	**7**	1.14
8	1.62	**9**	1.31
10	0.78	**11**	0.59
12	0.71	**13**	1.31

199a~199b

1 0.87

2 (위에서부터) 0.68, 1.19, 0.75, 1.26

3 0.91

4 1.17
  풀이 $0.31+0.22+0.64=0.53+0.64$
  $=1.17$

5 ㉡, ㉢, ㉠
  풀이 ㉠ $0.35+0.51=0.86$
  ㉡ $0.44+0.72=1.16$
  ㉢ $0.34+0.67=1.01$

6 $0.33+0.45=0.78$, 0.78L

7 1.2m
  풀이 57cm는 0.57m입니다.
  처음 가지고 있던 리본을 □m라고 하면
  □$-0.63=0.57$
  □$=0.57+0.63=1.2$(m)

200a~200b

1 175, 362, 537, 5.37

2 2687, 4550, 7237, 7.237

3 9.55   4 5.43

5 7.979   6 31.534

7 4.39   8 14.31

9 7.314   10 16.071

11 $\begin{array}{r} 4.73 \\ +\ 2.79 \\ \hline 7.52 \end{array}$ 12 $\begin{array}{r} 6.15 \\ +\ 12.7 \\ \hline 18.85 \end{array}$

201a~201b

1 4.99   2 7.18, 8.218

3 >
  풀이 $2.75+3.48=6.23$
  ➡ $6.23>6.22$

4 <
  풀이 $1.086+5.27=6.356$
  $4.42+2.895=7.315$
  ➡ $6.356<7.315$

5 16.555
  풀이 가장 큰 수: 11.73, 가장 작은 수: 4.825
  ➡ $11.73+4.825=16.555$

6 7.261
  풀이 ㉠ 2.56 ㉡ 4.701
  ➡ ㉠+㉡$=2.56+4.701=7.261$

7 $26.85+6.09=32.94$, 32.94kg

8 11.543
  풀이 어떤 수를 □라고 하면
  □$-4.031=7.512$
  □$=7.512+4.031=11.543$

202a~202b

1 0.5   2 0.7

3 11, 7, 4, 0.4   4 0.1

5 0.3   6 0.7

7 0.8   8 0.8

9 1.6   10 0.3

11 0.2   12 0.9

13 0.7

203a~203b

1 0.6   2 0.9, 0.2

3 0.5km

4 ㉡, ㉠, ㉢
  풀이 ㉠ $0.9-0.2=0.7$
  ㉡ $1.2-0.4=0.8$
  ㉢ $1.5-0.9=0.6$

5 $1.2-0.9=0.3$, 0.3L

6 0.8m   7 0.7kg

204a~204b

1 0.43
2 0.39, 0.36
3 68, 43, 25, 0.25
4 50, 29, 21, 0.21
5 0.14
6 0.4
7 0.31
8 0.15
9 0.32
10 0.43
11 0.33
12 0.35
13 0.35
14 0.26

205a~205b

1 0.41
2 (위에서부터) 0.25, 0.14, 0.38, 0.27
3 0.22
4 0.33
5 0.52
   풀이 $0.67-\square=0.15$
   ➡ $\square=0.67-0.15=0.52$
6 0.55kg
7 재원, 0.16m
   풀이 재원이의 앉은키가
   $0.91-0.75=0.16(m)$ 더 큽니다.

206a~206b

1 537, 124, 413, 4.13
2 7036, 4850, 2186, 2.186
3 2.16
4 15.12
5 27.62
6 4.996
7 5.24
8 2.676
9 3.847
10 0.802
11
$$\begin{array}{r} 13.7 \\ -\ 6.514 \\ \hline 7.186 \end{array}$$
12
$$\begin{array}{r} 85.49 \\ -\ 2.31 \\ \hline 83.18 \end{array}$$

207a~207b

1 3.16
2 (위에서부터) 4.261, 6.64
3 2.04
   풀이 가장 큰 수: $10\dfrac{13}{100}$, 가장 작은 수: 8.09
   $$10\dfrac{13}{100}-8.09=10.13-8.09=2.04$$
4 ㉢
   풀이 ㉠ $12.344-9.57=2.774$
   ㉢ $8.37-5.104=3.266$
5 1, 2, 3, 4
   풀이 $14.08-9.572=4.508$이므로
   $\square.001<4.508$입니다.
   따라서 □ 안에 들어갈 수 있는 숫자는 1,
   2, 3, 4입니다.
6 $41.72-6.03=35.69$, 35.69(kg)
7 4.215km
   풀이 $13.825-9.61=4.215(km)$

208a~208b 창의력 학습

a 7.92
   풀이 ㉢$+0=2$, ㉢$=2$
   ㉡$+$㉢$=$㉡$+2=11$, ㉡$=9$
   $1+$㉠$+$㉡$=1+$㉠$+9=17$, ㉠$=7$
   따라서 처음 소수는 7.92입니다.

b 0.6m
   풀이 물에 젖은 막대의 길이를 □m라고
   하면

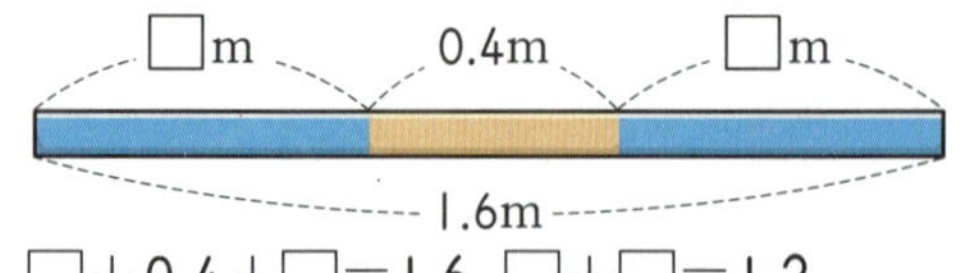

   $\square+0.4+\square=1.6$, $\square+\square=1.2$,
   $0.6+0.6=1.2$이므로 $\square=0.6(m)$입니다.

209a~210b 경시대회 예상문제

1 ㉢, ㉣, ㉠, ㉡

풀이 ㉠ 10.22 ㉡ 8.411
㉢ 10.885 ㉣ 10.429

2 18.889

풀이 ● =11.403−7.097=4.306
▲ =0.82+13.37=14.19
■ −●+▲=9.005−4.306+14.19
　　　　=4.699+14.19=18.889

3 (위에서부터) 3, 0, 7, 9

풀이
$$
\begin{array}{r}
㉠4.85 \\
+\ 2㉡.㉢4 \\
\hline
55.5㉣
\end{array}
$$

5+4=㉣, ㉣=9
8+㉢=15, ㉢=7
1+4+㉡=5, ㉡=0
㉠+2=5, ㉠=3

4 (위에서부터) 0, 5, 6, 8

풀이
$$
\begin{array}{r}
7.㉡1 \\
-㉠.94㉣ \\
\hline
1.0㉢5
\end{array}
$$

11−㉣=5, ㉣=6
13−1−4=㉢, ㉢=8
10+㉡−1−9=0, ㉡=0
7−1−㉠=1, ㉠=5

5 서점, 0.05km

풀이 (집~서점~학교)
=0.73+1.61=2.34(km)
(집~우체국~학교)
=0.51+1.88=2.39(km)
따라서 서점을 거쳐 가는 길이
2.39−2.34=0.05(km) 더 가깝습니다.

6 6.83

풀이 ・37.1의 $\frac{1}{10}$ 배인 수: 3.71
・1.054의 10배인 수: 10.54
➡ 10.54−3.71=6.83

7 1, 2, 3

풀이 5.92+1.46=7.38이므로
7.38>7.□54입니다. 따라서 □ 안에 들
어갈 수 있는 숫자는 1, 2, 3입니다.

8 0.59kg

풀이 9kg 200g은 9.2kg입니다.
(빈 바구니의 무게)
=(전체 무게)−(사과와 수박의 무게)
=9.2−(1.02+7.59)=9.2−8.61
=0.59(kg)

9 (겹쳐진 부분의 길이)
=(빨간색 테이프의 길이)
　+(초록색 테이프의 길이)
　−(전체 길이)
=7.4+12.18−16.72
=19.58−16.72
=2.86(cm)
[답] 2.86cm

평가 기준	
상	겹쳐진 부분의 길이를 구하고 답을 바르게 구한 경우
중	겹쳐진 부분의 길이는 구하였으나 답을 구하지 못한 경우
하	풀이 과정과 답을 구하지 못한 경우

10 4.55, 5.65, 6.2

풀이 4−3.45=0.55이므로 0.55씩 커지는 규칙입니다.

11 6.983

풀이 0.57의 $\frac{1}{10}$ 배인 수: 0.057
0.57의 10배인 수: 5.7
어떤 수를 □라고 하면
□−5.7=1.34
□=1.34+5.7, □=7.04
바르게 계산하면
7.04−0.057=6.983

12 1.34m

풀이 (미혜가 사용한 철사의 길이)
=0.68+0.3=0.98(m)
(남아 있는 철사의 길이)
=(전체 철사의 길이)
　−(용주가 사용한 철사의 길이)
　−(미혜가 사용한 철사의 길이)
=3−0.68−0.98=1.34(m)

13 가장 큰 소수 세 자리 수: 87.531
가장 작은 소수 세 자리 수: 13.578
➡ $87.531-13.578=73.953$
[답] 73.953

평가 기준	
상	가장 큰 소수 세 자리 수와 가장 작은 소수 세 자리 수를 구하고 답을 바르게 구한 경우
중	가장 큰 소수 세 자리 수와 가장 작은 소수 세 자리 수는 구하였으나 답을 구하지 못한 경우
하	풀이 과정과 답을 구하지 못한 경우

211a~211b

1 ㅁㅂ   **2** ㅁㅂ

3 ㄱㄴ   **4** ( ) (○) ( )

5 직선 가와 직선 다

6 직선 나와 직선 다

7 직선 가와 직선 다

8 직선 나와 직선 라

212a~212b

1 ( ) (○) ( )   **2** ( ) ( ) (○)

3 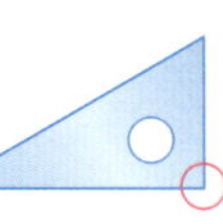   **4** 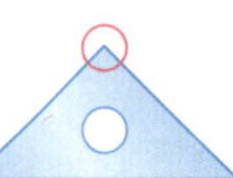

5 변 ㄱㄷ

6 변 ㄱㄴ과 변 ㄴㄷ

7 변 ㄱㄹ과 변 ㄹㄷ

8 4쌍   **9** 3쌍

213a~213b

1 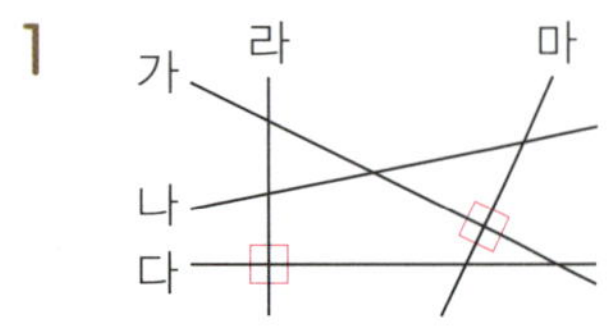

2 3쌍

풀이   서로 수직인 직선은 직선 가와 직선 라, 직선 나와 직선 바, 직선 다와 직선 마 이므로 3쌍입니다.

3 선분 ㄱㅂ

4 선분 ㄱㄹ, 변 ㄱㄴ

5 변 ㄱㄴ, 변 ㄹㄷ

6 25°

풀이   (각 ㄱㄴㄷ)=90°이므로
(각 ㄱㄴㄹ)=(각 ㄱㄴㄷ)-(각 ㄹㄴㄷ)
　　　　　=90°-65°=25°

214a~214b

1 ㄴ

2 예 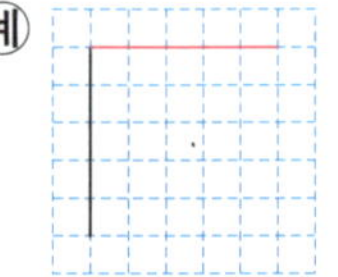   **3** 예

4 ㄷ   **5** 점 ㅂ

6 ㄱ, ㄹ, ㄷ, ㄴ

215a~215b

1 ④   **2** ⑤

3 ①

4 예 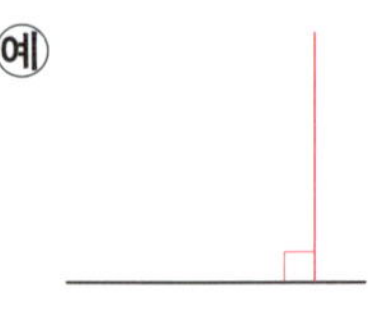   **5** 예

6 예 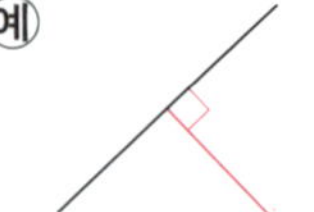   **7** 예 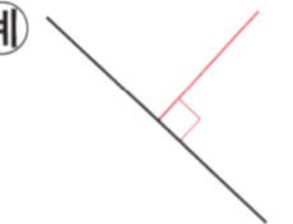

8 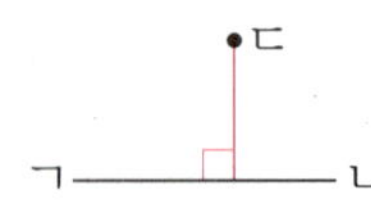   **9** 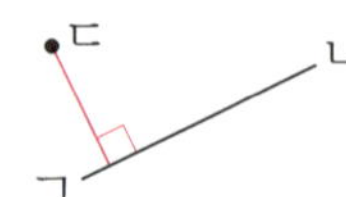

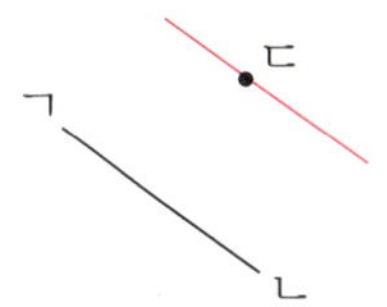

216a~216b

1

가 — 나 [70°] 다 [90°] 라 [110°] 마 [90°]

2 직선 다, 직선 마 **3** 직선 다와 직선 마

4 ( ) (○) ( ) **5** 직선 가와 직선 나

6 직선 가와 직선 다 **7** 직선 나와 직선 다

8 직선 나와 직선 다

217a~217b

1 ( ) ( ) (○) **2** (○) ( ) ( )

3 ㉠ **4** 변 ㄴㄷ

5 변 ㄱㄴ과 변 ㄹㄷ **6** 변 ㄱㅁ과 변 ㄴㄷ

7 2쌍 **8** 3쌍

218a~218b

1 (예) **2** (예)

3 ( ) (○) ( ) **4** (○) ( ) ( )

5 ⑤ **6** ⑤

7 ①

219a~219b

1 (예) 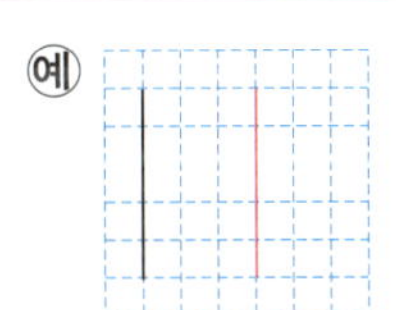 **2** (예)

3 (예) 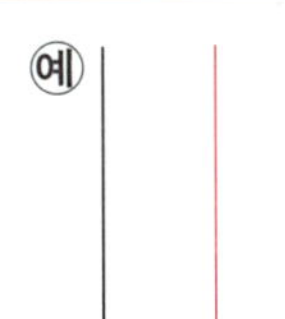 **4** (예)

---

5 ㄷ **6** ㄱ ㄷ / ㄴ

7 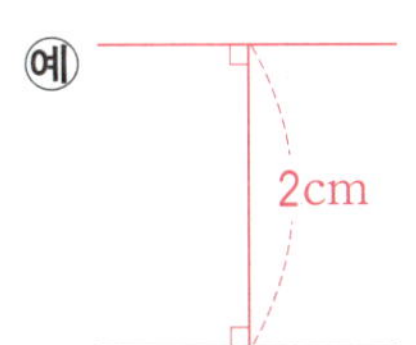 **8** (예)

9

220a~220b

1 선분 ㄹㅇ **2** 선분 ㄱㄷ

3 선분 ㄷㅁ **4** 선분 ㄴㄹ

5 5cm **6** 선분 ㄹㄷ

7 선분 ㅁㅂ **8** 선분 ㅁㅂ

9 선분 ㅁㄷ

221a~221b

1 ㉡ **2** 1cm

3 2cm **4** 4cm

5 3cm

6 (예) 2cm

7 (예) 2cm

8 (예) 3cm

9 예

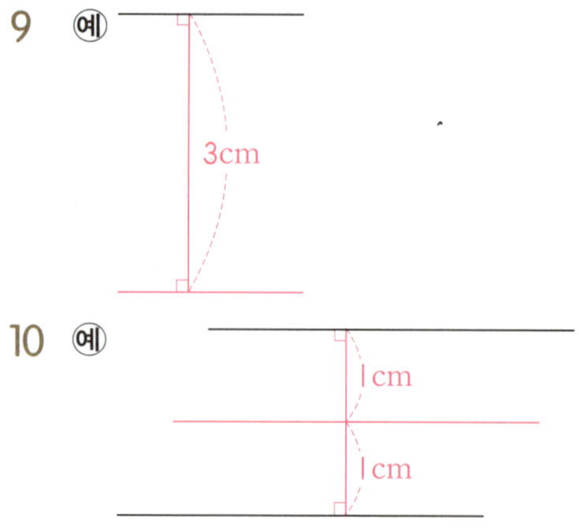

10 예

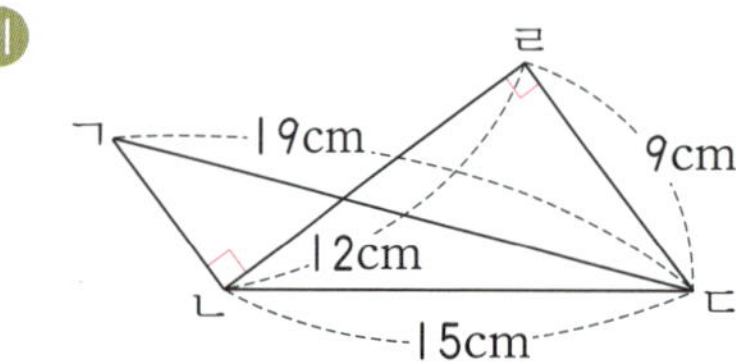

222a~222b

1 8cm

2 24cm

3 15cm

> **풀이** 변 ㄱㅂ과 변 ㄷㄴ 사이의 거리는 6cm이고, 변 ㄷㄴ과 변 ㄹㅁ 사이의 거리의 9cm이므로 변 ㄱㅂ과 변 ㄹㅁ 사이의 거리는 6+9=15(cm)입니다.

4 12cm

> **풀이**

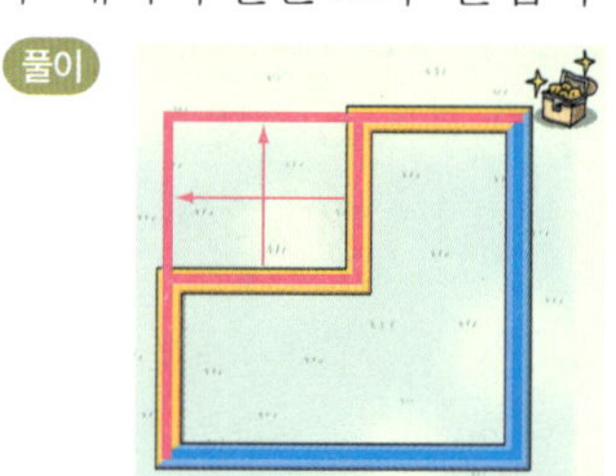

> 평행한 두 변은 변 ㄱㄴ과 변 ㄹㄷ입니다. 따라서 평행한 두 변 사이의 거리는 선분 ㄴㄹ의 길이이므로 12cm입니다.

5 ×

> **풀이** 평행선 사이의 거리는 위치에 상관없이 어디서 재어도 그 길이는 같습니다.

6 ×

> **풀이** 평행선 사이의 거리는 평행선 사이를 이은 선분 중 가장 짧은 선분입니다.

7 ×

> **풀이** 한 직선에 평행한 선분은 무수히 많습니다.

8 ○

223a~223b 창의력 학습

a

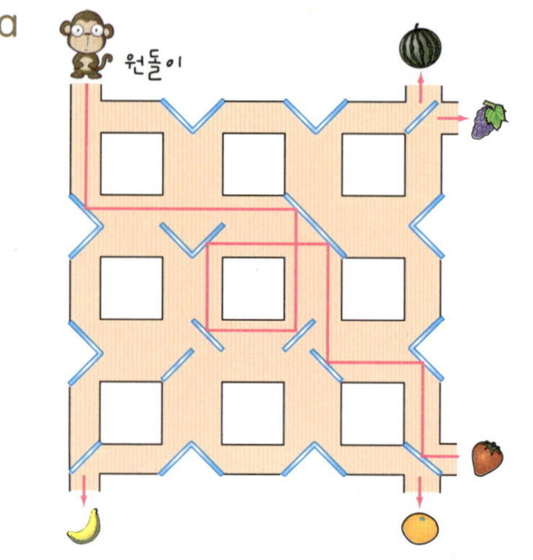

b 두 해적의 말은 모두 틀립니다.

> **풀이**

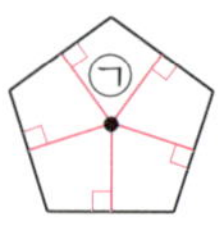

> 그림에서 노란색 선으로 가는 길은 파란색 선으로 가는 길의 거리와 같습니다.

224a~225b 경시대회 예상문제

1 5개

> **풀이**

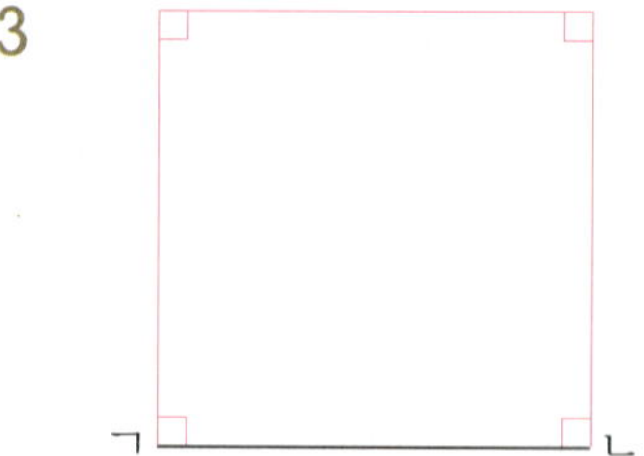

2 3개

> **풀이** 변 ㄱㅇ과 평행한 변은 변 ㄷㄴ, 변 ㄹㅁ, 변 ㅅㅂ이므로 3개입니다.

3

4 (각 ㄱㅇㄴ)＝$90°-28°=62°$
(각 ㄷㅇㄹ)＝$90°-28°=62°$
(각 ㄱㅇㄹ)＝$62°+28°+62°=152°$
[답] $152°$

평가 기준	
상	각 ㄱㅇㄴ의 크기와 각 ㄷㅇㄹ의 크기를 구하고 답을 바르게 구한 경우
중	각 ㄱㅇㄴ의 크기와 각 ㄷㅇㄹ의 크기는 구하였으나 답을 구하지 못한 경우
하	풀이 과정과 답을 구하지 못한 경우

5 $180°$

풀이
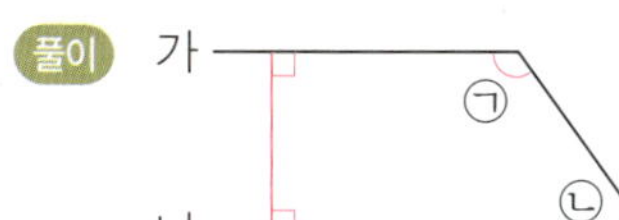

직선 가와 직선 나에 수선을 그어 사각형을 만듭니다.
사각형의 네 각의 크기의 합은 $360°$이므로
$90°+90°+㉠+㉡=360°$
➡ $㉠+㉡=360°-90°-90°=180°$

6 13cm

풀이 직선 가와 지선 나 사이의 거리는 6cm이고, 직선 나와 직선 다 사이의 거리는 7cm입니다. 따라서 직선 가와 직선 다 사이의 거리는 $6+7=13(cm)$입니다.

7 12cm

풀이
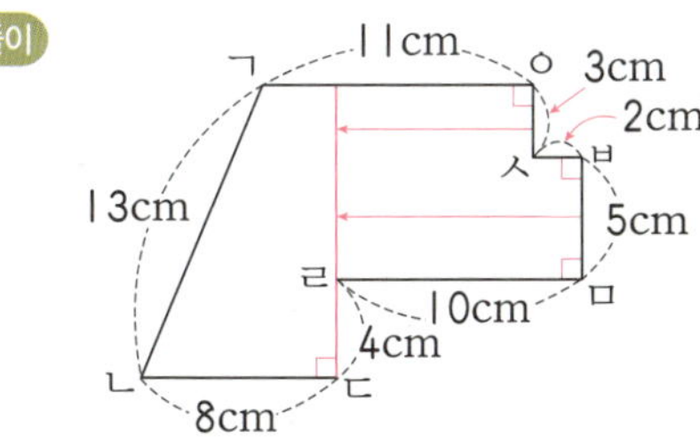

(변 ㄱㅇ과 변 ㄴㄷ 사이의 거리)
＝$3+5+4=12(cm)$

8 $138°$

풀이
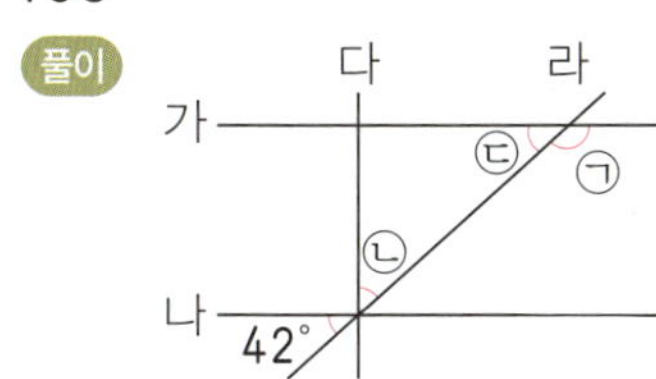

㉡＝$180°-42°-90°=48°$

㉢＝$180°-48°-90°=42°$
㉠＝$180°-42°=138°$

9

두 평행선 사이에 점 ㅅ을 지나는 수선을 긋고, 직선 ㄱㄴ과 만나는 점을 점 ㅇ이라고 합니다.
(각 ㅇㅁㅂ)＝$180°-45°=135°$
(각 ㅂㅅㅇ)＝$90°-25°=65°$
사각형 ㅁㅂㅅㅇ에서
(각 ㅁㅂㅅ)＝$360°-135°-65°-90°$
          ＝$70°$

[답] $70°$

평가 기준	
상	직선 ㄱㄴ과 직선 ㄷㄹ에 수선을 긋고 답을 바르게 구한 경우
중	직선 ㄱㄴ과 직선 ㄷㄹ에 수선을 그었으나 답을 구하지 못한 경우
하	풀이 과정과 답을 구하지 못한 경우

226a~229b

1	$\dfrac{2}{3}$	2	$\dfrac{6}{7}$
3	$1\dfrac{2}{5}$	4	$1\dfrac{4}{10}$
5	$2\dfrac{3}{4}$	6	$3\dfrac{5}{6}$
7	$3\dfrac{2}{11}$	8	$8\dfrac{4}{8}$
9	$3\dfrac{5}{7}$	10	$3\dfrac{4}{12}$
11	$\dfrac{2}{4}$	12	$\dfrac{3}{7}$
13	$\dfrac{5}{9}$	14	$2\dfrac{7}{10}$
15	$1\dfrac{1}{6}$	16	$1\dfrac{6}{11}$
17	$\dfrac{2}{3}$	18	$1\dfrac{8}{10}$

19 $3\dfrac{3}{8}$

20 $4\dfrac{3}{9}$

21 $\dfrac{5}{11}$

22 $2\dfrac{2}{9},\ 1\dfrac{5}{9}$

23 (위에서부터) $5\dfrac{2}{13},\ 1\dfrac{11}{13},\ 1\dfrac{7}{13},\ 1\dfrac{10}{13}$

24

풀이 $\dfrac{4}{7}+\dfrac{5}{7}=\dfrac{9}{7}=1\dfrac{2}{7}$

$1\dfrac{5}{7}+\dfrac{3}{7}=1\dfrac{8}{7}=2\dfrac{1}{7}$

$3\dfrac{3}{7}-1\dfrac{4}{7}=2\dfrac{10}{7}-1\dfrac{4}{7}=1\dfrac{6}{7}$

$6-3\dfrac{6}{7}=5\dfrac{7}{7}-3\dfrac{6}{7}=2\dfrac{1}{7}$

$5\dfrac{1}{7}-3\dfrac{6}{7}=4\dfrac{8}{7}-3\dfrac{6}{7}=1\dfrac{2}{7}$

25 $>$

풀이 $5\dfrac{7}{12}-3\dfrac{10}{12}=4\dfrac{19}{12}-3\dfrac{10}{12}=1\dfrac{9}{12}$

$\dfrac{8}{12}+\dfrac{11}{12}=\dfrac{19}{12}=1\dfrac{7}{12}$

➡ $1\dfrac{9}{12}>1\dfrac{7}{12}$

26 $2\dfrac{7}{13}$

풀이 가장 큰 수: $2\dfrac{1}{13}$

가장 작은 수: $\dfrac{6}{13}$

➡ $2\dfrac{1}{13}+\dfrac{6}{13}=2\dfrac{7}{13}$

27 $\dfrac{8}{11}$

풀이 ㉠ $\dfrac{8}{11}$ 보다 $\dfrac{4}{11}$ 큰 수: $1\dfrac{1}{11}$

㉡ 3보다 $1\dfrac{2}{11}$ 작은 수: $1\dfrac{9}{11}$

➡ ㉡$-$㉠$=1\dfrac{9}{11}-1\dfrac{1}{11}=\dfrac{8}{11}$

28 $\dfrac{3}{5}$

풀이 3에서 4까지 눈금이 5칸이므로 작은 눈금 한 칸은 $\dfrac{1}{5}$ 을 나타냅니다.

㉠: $3\dfrac{3}{5}$, ㉡: $4\dfrac{1}{5}$

㉡$-$㉠$=4\dfrac{1}{5}-3\dfrac{3}{5}=3\dfrac{6}{5}-3\dfrac{3}{5}=\dfrac{3}{5}$

29 ㉠, ㉡, ㉢, ㉣

풀이 ㉠ $3\dfrac{5}{13}-\dfrac{9}{13}=2\dfrac{18}{13}-\dfrac{9}{13}=2\dfrac{9}{13}$

㉡ $1\dfrac{7}{13}+\dfrac{6}{13}=1\dfrac{13}{13}=2$

㉢ $\dfrac{11}{13}+\dfrac{12}{13}=\dfrac{23}{13}=1\dfrac{10}{13}$

㉣ $6\dfrac{2}{13}-4\dfrac{10}{13}=5\dfrac{15}{13}-4\dfrac{10}{13}=1\dfrac{5}{13}$

➡ ㉠$>$㉡$>$㉢$>$㉣

30 $\dfrac{4}{10}$ km

풀이 (집～문구점～학교)

$=1\dfrac{9}{10}+\dfrac{6}{10}=1\dfrac{15}{10}=2\dfrac{5}{10}$(km)

따라서 집에서 문구점을 거쳐 학교까지 가는 거리는 집에서 학교까지의 거리보다

$2\dfrac{5}{10}-2\dfrac{1}{10}=\dfrac{4}{10}$(km) 더 멉니다.

31 1, 2, 3

풀이 $6\dfrac{9}{11}-3\dfrac{2}{11}=3\dfrac{7}{11}$ 이므로

$3\dfrac{7}{11}>\square\dfrac{6}{11}$ 입니다.

따라서 $\square$ 안에 들어갈 수 있는 자연수는 1, 2, 3입니다.

32 $4\dfrac{2}{8}$

풀이 $\square-2\dfrac{5}{8}=1\dfrac{5}{8}$,

$\square=1\dfrac{5}{8}+2\dfrac{5}{8}=3\dfrac{10}{8}=4\dfrac{2}{8}$

33 $\dfrac{8}{10}+\dfrac{6}{10}=1\dfrac{4}{10}$, $1\dfrac{4}{10}$ kg

34 $1\frac{4}{6}+\frac{5}{6}=2\frac{3}{6}$, $2\frac{3}{6}$시간

35 $34\frac{7}{8}-1\frac{3}{8}=33\frac{4}{8}$, $33\frac{4}{8}$kg

36 $2-\frac{2}{5}=1\frac{3}{5}$, $1\frac{3}{5}$L

37 $\frac{7}{12}$

풀이 $\frac{3}{12}+\frac{4}{12}=\frac{7}{12}$

38 $1\frac{1}{8}$cm

풀이 정삼각형은 세 변의 길이가 같으므로
$\frac{3}{8}+\frac{3}{8}+\frac{3}{8}=\frac{6}{8}+\frac{3}{8}=\frac{9}{8}=1\frac{1}{8}$(cm)입니다.

39 $\frac{5}{6}$시간

풀이 (TV를 본 시간)
= (전체 지난 시간)
　 － (국어 공부를 한 시간)
　 － (수학 공부를 한 시간)
= $3\frac{1}{6}-\frac{5}{6}-1\frac{3}{6}=2\frac{2}{6}-1\frac{3}{6}=\frac{5}{6}$(시간)

40 $54\frac{2}{4}$kg

풀이 (동생의 몸무게)
= $39\frac{1}{4}-1\frac{2}{4}=37\frac{3}{4}$(kg)
(어머니의 몸무게)
= $37\frac{3}{4}+16\frac{3}{4}=54\frac{2}{4}$(kg)

230a~233b

1 1.2　　**2** 1.53

3 5.742　　**4** 11.181

5 1.66　　**6** 10.45

7 11.325　　**8** 36.66

9 16.52　　**10** 72.541

11 0.7　　**12** 0.28

13 1.88　　**14** 1.193

15 1.18　　**16** 3.254

17 1.708　　**18** 3.972

19 24.132　　**20** 72.16

21 0.84　　**22**
$$\begin{array}{r} 5.7 \\ -\ 3.49 \\ \hline 2.21 \end{array}$$

23 8.27, 10　　**24** 6.147, 0.853

25 (위에서부터) 15.66, 4.19, 6.61, 4.86

26 0.798m

27 14.388

28 >

풀이 $0.75+0.13=0.88$
$2.65-1.92=0.73$
➡ $0.88>0.73$

29 8.109

풀이 가장 큰 수: 5.2, 가장 작은 수: 2.909
➡ $5.2+2.909=8.109$

30 2.27

풀이 1이 6개, 0.1이 1개, 0.01이 2개인 수는 6.12입니다.
➡ $6.12-3.85=2.27$

31 (위에서부터) 0, 6, 1, 1

풀이
$$\begin{array}{r} 3.\ ㉠\ 9\ ㉡ \\ -\ ㉢.7\ 8\ 4 \\ \hline 1.3\ ㉣\ 2 \end{array}$$
㉡$-4=2$, ㉡$=6$
$9-8=$㉣, ㉣$=1$
$10+$㉠$-7=3$, ㉠$=0$
$3-1-$㉢$=1$, ㉢$=1$

32 5.94

풀이 가장 큰 소수 두 자리 수: 7.41
가장 작은 소수 두 자리 수: 1.47
➡ $7.41-1.47=5.94$

33 0.98km

풀이 (서점~우체국)
= (효리네 집~우체국)
　 + (서점~용수네 집)
　 － (효리네 집~용수네 집)
= $1.85+2.37-3.24=0.98$(km)

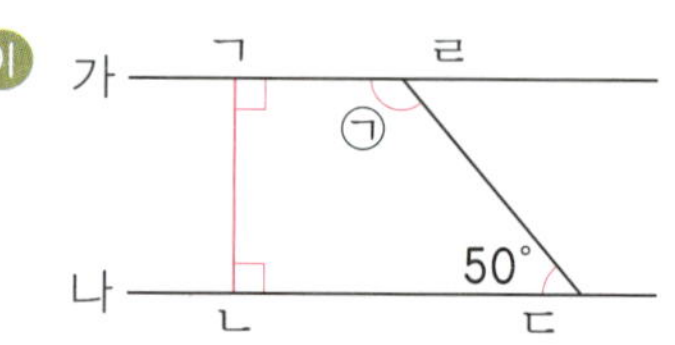

34 $0.4+0.7=1.1$, $1.1km$

35 $0.38+2.96=3.34$, $3.34kg$

36 $4-1.77=2.23$, $2.23L$

37 $1.34+0.175=1.515$, $1.515m$

38 $24.101km$

풀이 $42.195-18.094=24.101(km)$

39 10.86

풀이 어떤 수를 □라고 하면
$□+10.2=20.04$
$□=20.04-10.2=9.84$
➡ $9.84+1.02=10.86$

40 $15.8m$

풀이 $5.15+2.75+5.15+2.75$
$=15.8(m)$

41 $7.933m$

풀이 (도현이가 가지고 있는 색 테이프의
길이)$=3.52+0.893=4.413(m)$
(두 사람이 가지고 있는 색 테이프의 길이)
$=3.52+4.413=7.933(m)$

234a~237b

1 ( ) (○) ( )

2 (○) ( ) ( )

3 직선 다와 직선 마

4 변 ㄱㄹ, 변 ㄴㄷ

5 선분 ㄱㅁ

6 변 ㄴㄷ과 변 ㅁㄹ

7 가, 다, 바   **8** 4쌍

9 다, 라, 마, 바, 아

10 3쌍   **11** 다, 바

12 4쌍

13 $25°$

풀이 (각 ㅁㄷㄹ)$=180°-65°-90°$
$=25°$

---

14 $130°$

풀이

사각형 ㄱㄴㄷㄹ에서
$90°+90°+50°+㉠=360°$
$230°+㉠=360°$
$㉠=360°-230°=130°$

15 (○) ( ) ( )

16 ㄹ, ㄷ, ㄴ, ㄱ

17 예

18 ( ) ( ) (○)

19

20

21 ㄹ   **22** 11cm

23 1.5cm

24 예

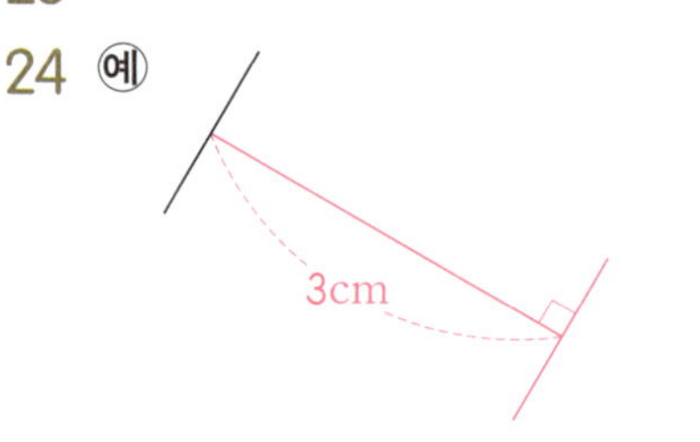

25 선분 ㄷㄹ   **26** 11cm

238a~238b 창의력 학습

a ㉠: $\frac{3}{5}$, ㉡: $1\frac{1}{5}$, ㉢: $2\frac{2}{5}$, ㉣: $\frac{2}{5}$, ㉤: 1

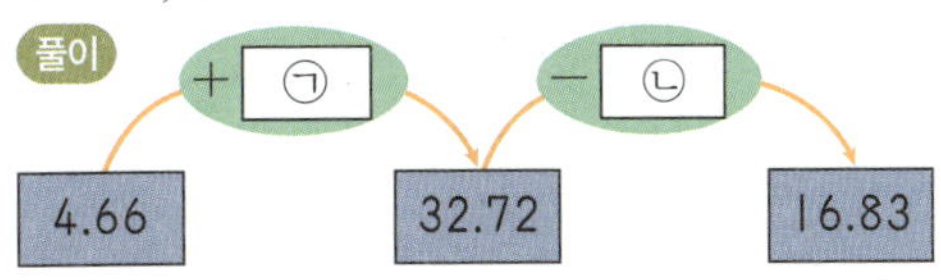

b

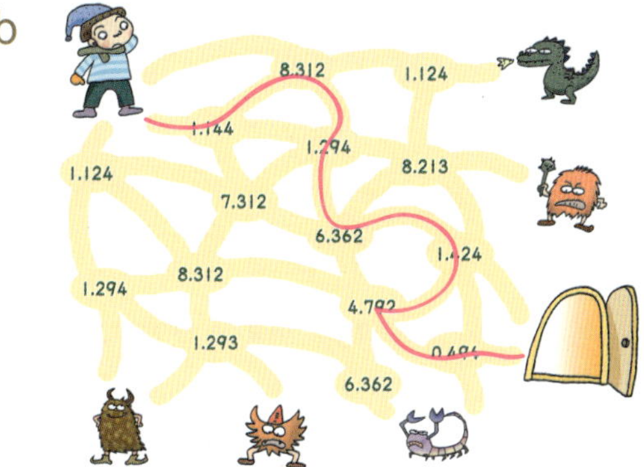

239a~240b 경시대회 예상문제

1 $2\dfrac{2}{11}$

풀이 $1\dfrac{4}{11}+\square=6\dfrac{2}{11}-2\dfrac{7}{11}$

$1\dfrac{4}{11}+\square=3\dfrac{6}{11}$

$\square=3\dfrac{6}{11}-1\dfrac{4}{11}=2\dfrac{2}{11}$

2 1, 2, 3, 4, 5

풀이 $3\dfrac{6}{7}+2\dfrac{5}{7}>\square\dfrac{1}{7}+\dfrac{3}{7}$

$6\dfrac{4}{7}>\square\dfrac{4}{7}$

따라서 $\square$ 안에 들어갈 수 있는 수는 1, 2, 3, 4, 5입니다.

3 (1분 동안 나오는 물의 양)

$=\dfrac{9}{10}+\dfrac{4}{10}=1\dfrac{3}{10}(L)$

(3분 동안 나오는 물의 양)

$=1\dfrac{3}{10}+1\dfrac{3}{10}+1\dfrac{3}{10}=3\dfrac{9}{10}(L)$

[답] $3\dfrac{9}{10}L$

평가 기준	
상	1분 동안 나오는 물의 양을 구하고 답을 바르게 구한 경우
중	1분 동안 나오는 물의 양은 구하였으나 답을 구하지 못한 경우
하	풀이 과정과 답을 구하지 못한 경우

---

4 28.06, 15.89

풀이

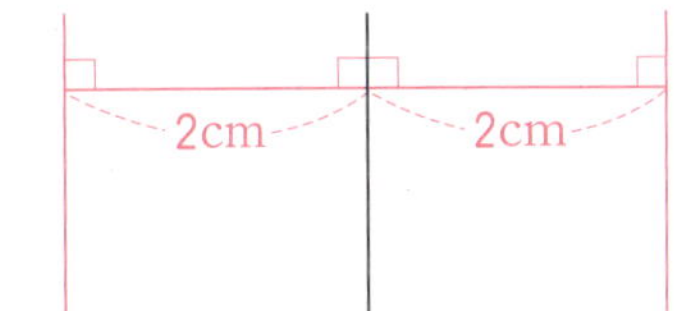

$4.66+㉠=32.72$
$㉠=32.72-4.66=28.06$
$32.72-㉡=16.83$
$㉡=32.72-16.83=15.89$

5 25.4의 $\dfrac{1}{100}$ 배인 수: 0.254

0.176의 10배인 수: 1.76

➡ $0.254+1.76=2.014$

[답] 2.014

평가 기준	
상	두 수를 구하고 답을 바르게 구한 경우
중	두 수는 구하였으나 답을 구하지 못한 경우
하	풀이 과정과 답을 구하지 못한 경우

6 0.25

풀이 10.5의 $\dfrac{1}{10}$인 수: 1.05

10.5의 $\dfrac{1}{100}$인 수: 0.105

어떤 수를 $\square$라고 하면
$\square-0.105=1.195$
$\square=1.195+0.105=1.3$
바르게 계산하면
$1.3-1.05=0.25$

7

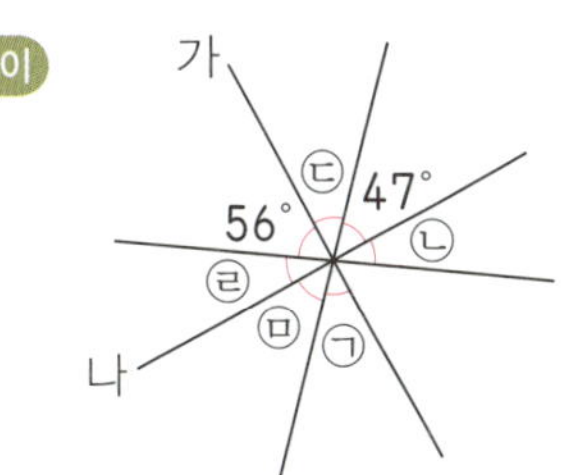

8 $9°$

풀이

직선 가와 직선 나는 서로 수직이므로
$㉢=90°-47°=43°$
$㉣=90°-56°=34°$

ㅁ=$180°-43°-90°=47°$
ㄱ=$90°-47°=43°$
ㄴ=$180°-56°-90°=34°$
➡ ㄱ-ㄴ=$43°-34°=9°$

9 4쌍

풀이

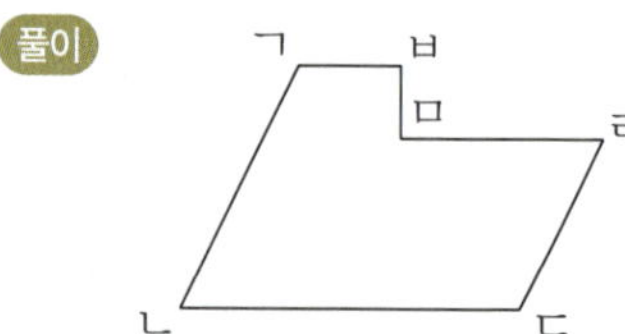

평행한 변은
변 ㄱㄴ과 변 ㄹㄷ, 변 ㄱㅂ과 변 ㅁㄹ,
변 ㄱㅂ과 변 ㄴㄷ, 변 ㅁㄹ과 변 ㄴㄷ
이므로 모두 4쌍입니다.

10 10cm

풀이

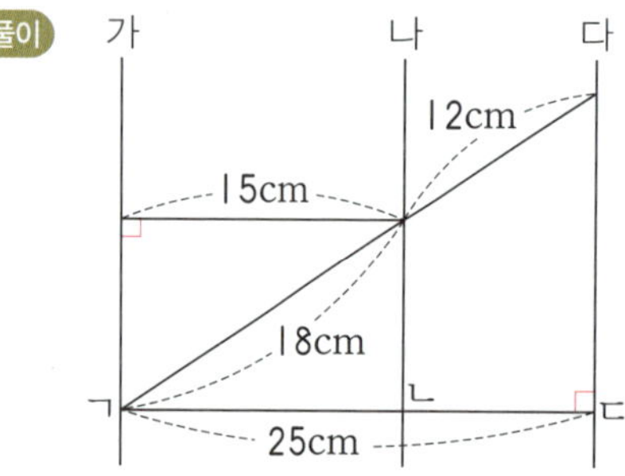

직선 나와 직선 다 사이의 거리를 나타내
는 선분은 선분 ㄴㄷ입니다.
선분 ㄱㄴ의 길이는 직선 가와 직선 나 사
이의 거리이므로 15cm입니다.
따라서 선분 ㄴㄷ의 길이는
$25-15=10$(cm)입니다.

11 12cm

풀이

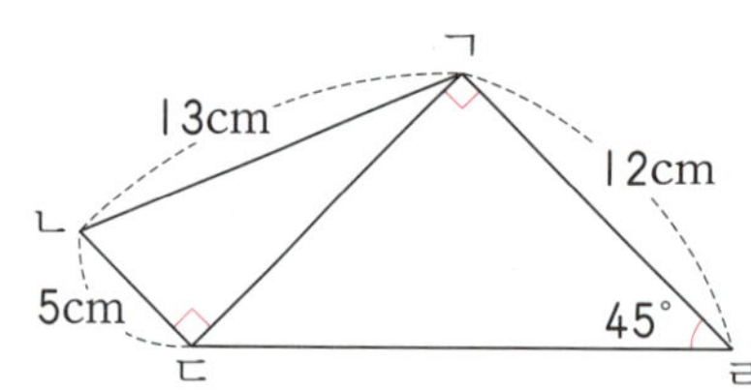

삼각형 ㄱㄷㄹ에서
(각 ㄱㄷㄹ)=$180°-90°-45°=45°$
이므로 삼각형 ㄱㄷㄹ은 이등변삼각형입
니다. 따라서 서로 평행한 변 ㄱㄹ과 변 ㄴ
ㄷ 사이의 거리는 변 ㄱㄷ의 길이이므로
12cm입니다.

12 71°

풀이

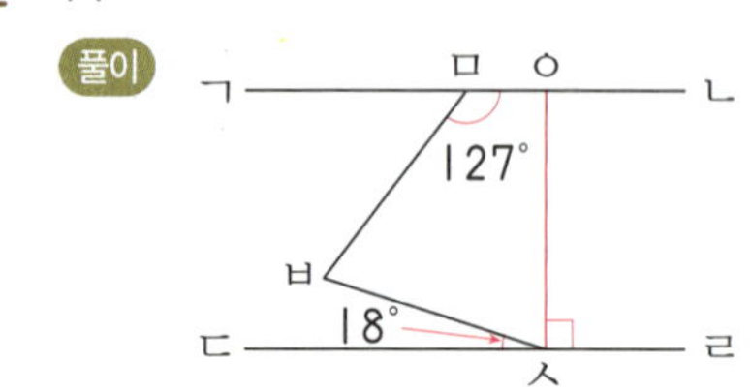

(각 ㅂㅅㅇ)=$90°-18°=72°$
사각형 ㅁㅂㅅㅇ에서
(각 ㅁㅂㅅ)=$360°-127°-72°-90°$
$=71°$

1 (1) $5\frac{9}{11}$ (2) $1\frac{6}{9}$

2 $1\frac{3}{5}$, $2\frac{2}{5}$

3 (위에서부터) $4\frac{7}{13}$, $2\frac{6}{13}$, $1\frac{6}{13}$, $\frac{8}{13}$

4 >   **5** $2\frac{6}{12}$

6 $3\frac{5}{6}$시간   **7** $3\frac{2}{4}$L

8 (1) 3.63 (2) 5.42 (3) 2.78 (4) 2.279

9 4.131, 8.246   **10** 3.881km

11 2.673   **12** 6.496

13 17.76cm   **14** 12.57kg

15 (1) 직선 가, 직선 나
(2) 직선 가와 직선 나, 직선 다와 직선 바

16 선분 ㄱㄷ   **17** 라

18 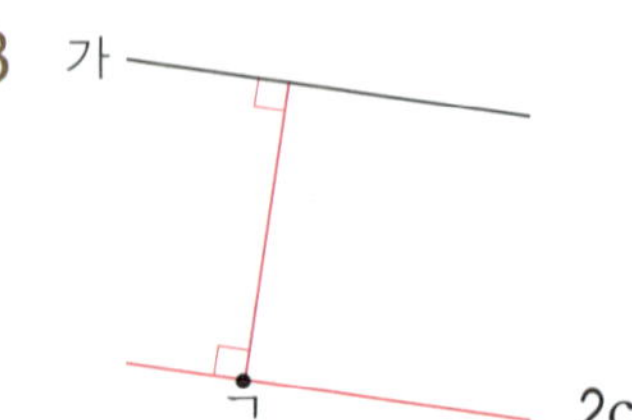

19 45°   **20** 33cm